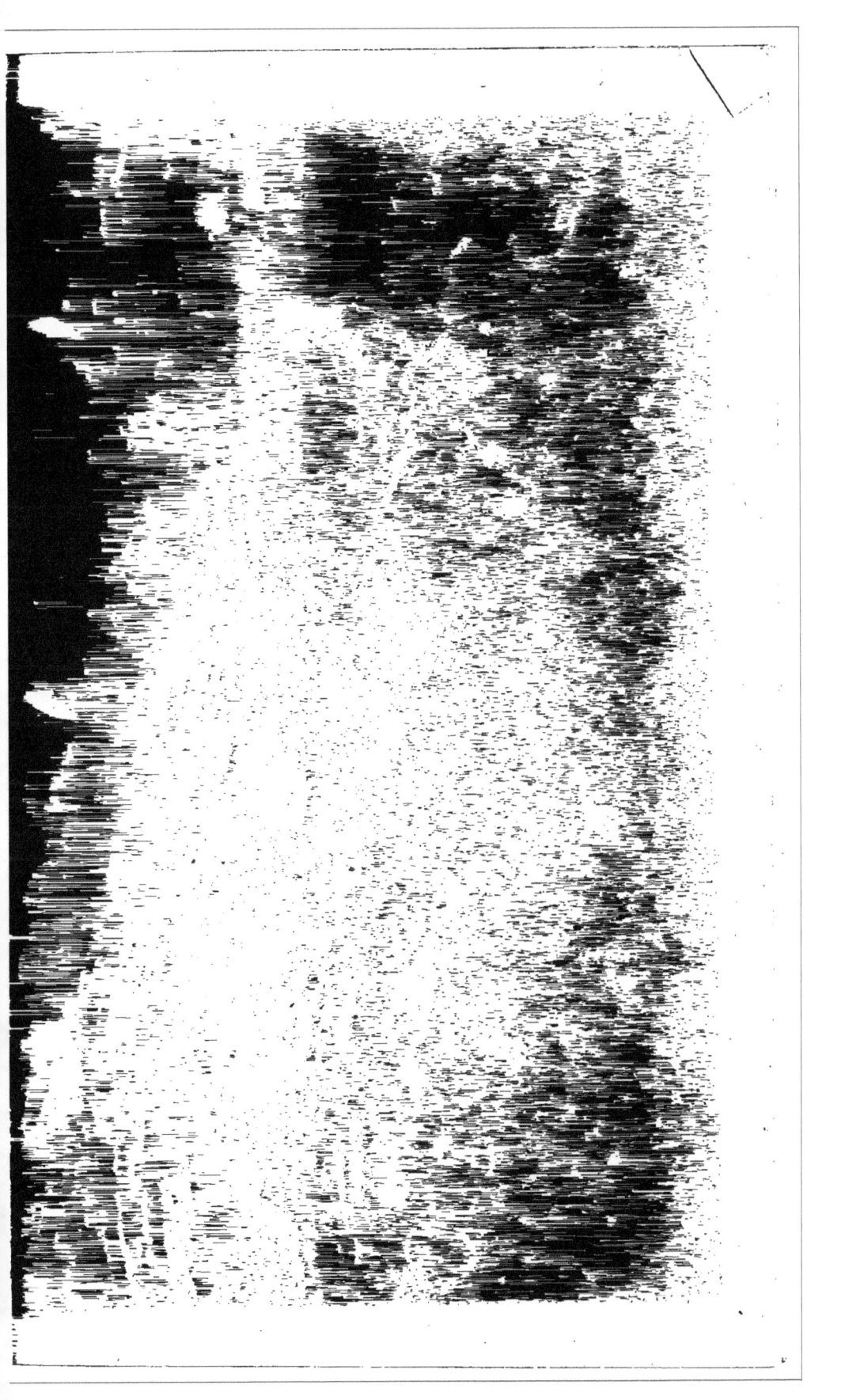

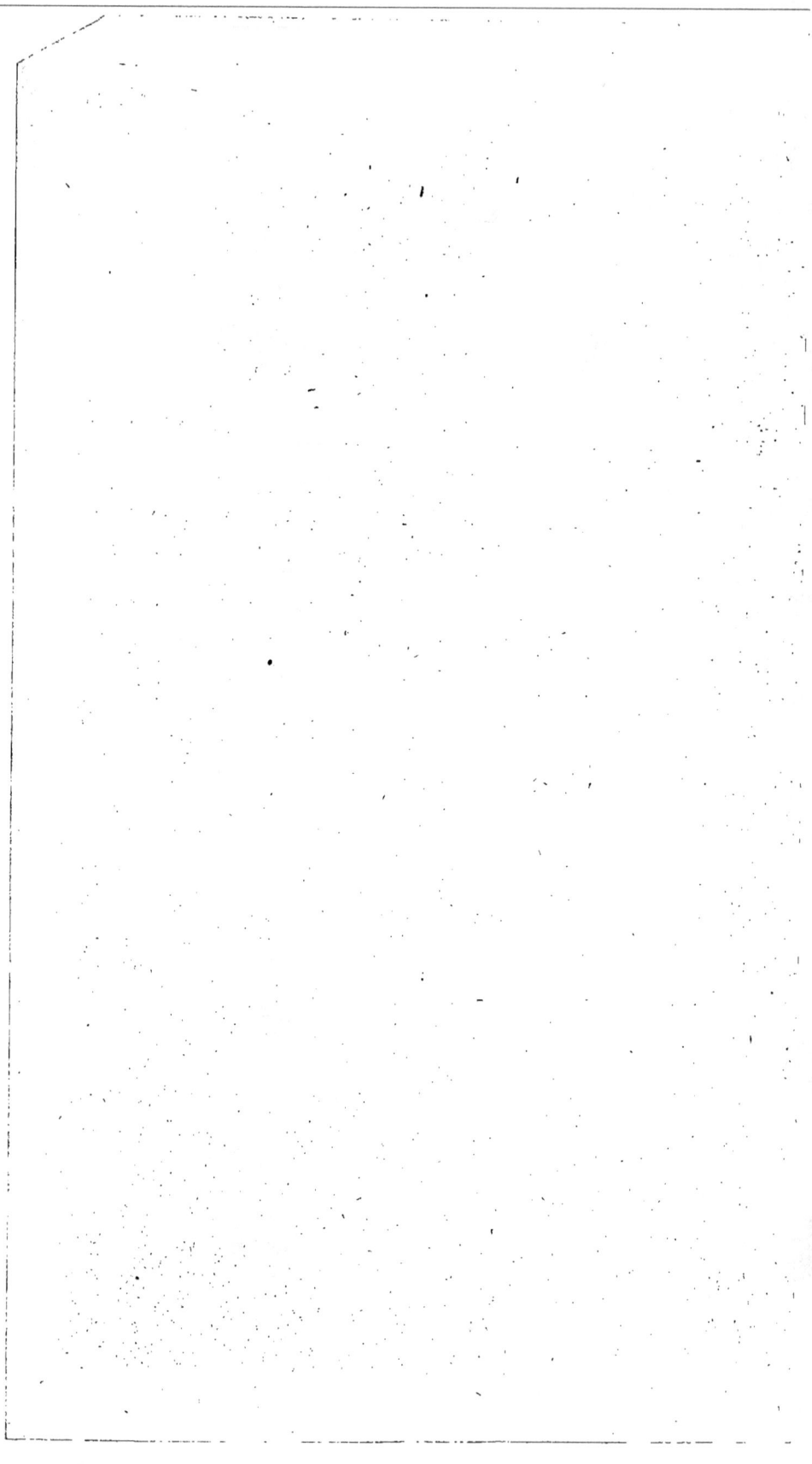

PROMENADES

AU

MUSÉUM D'HISTOIRE NATURELLE.

Paris. — Imprimerie de L. MARTINET, rue Mignon, 2.

PROMENADES

AU

MUSÉUM

D'HISTOIRE NATURELLE.

PAR

AUGUSTE DUPOTY,

Ancien rédacteur en chef du *Journal du Peuple.*

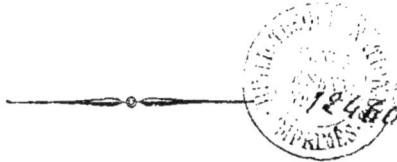

PARIS,

GUSTAVE SANDRÉ, LIBRAIRE,

Rue Percée-Saint-André-des-Arts, 11.

1851

PROMENADES

AU

MUSÉUM D'HISTOIRE NATURELLE.

PREMIÈRE PROMENADE.

Ce qui m'a ramené au Jardin des Plantes.

Théoriquement, comme au point de vue de la réalisation, j'ai toujours considéré la politique comme la première des études sérieuses, et presque comme la science des sciences.

Sous le premier rapport, en effet, l'étude de l'origine, de la nature et du mécanisme des pouvoirs sociaux, des institutions qui régissent un grand peuple, des moteurs qui dirigent la physiologie des masses, ne suppose-t-elle pas et la notion préalable de tout ce qui concerne l'homme individuel, et celle de tout ce qui l'entoure? Elle résume donc, pour ainsi dire, et doit couronner toutes les connaissances humaines.

Et de même, quant à l'application, qui pourrait nier son utilité, son importance de premier ordre pour la France du dix-neuvième siècle, pour cette nation initiatrice qui joue le rôle de moniteur dans l'enseignement mutuel des peuples?

Non, sans une direction des forces sociales et des puissances politiques, basée sur les vrais principes de l'organisation humaine et de la sociabilité, il n'est de tentatives réellement fructueuses dans aucun des autres éléments du progrès général. Sciences, beaux-arts, industrie, commerce, agri-

culture, gouvernements, administrés, tout languit et se traîne
dans les ornières du privilége et du monopole; tout se dé-
bat dans les maillots de l'ignorance ou sous les haillons de
la misère; tout se tord dans les angoisses de l'anarchie morale et du désordre matériel.

Aussi tout ce qu'un homme, un citoyen, doit à sa conscience et à son pays, temps, liberté, fortune, vie et repos
de l'individu comme de la famille, je l'ai, dans ma modeste
sphère et dans la faible mesure de mes moyens, risqué ou
sacrifié pour nos luttes politiques.

Et je ne m'en fais nul mérite : comme tant d'autres, je
cédai à des instincts tenaces bien que modérés, à des idées
acquises, indépendantes de moi, auxquelles je n'aurais pas
pu ne pas obéir. Car, n'en déplaise aux partisans du libre
arbitre illimité, si j'ai eu une volonté, et une volonté assez
forte; si j'ai pu dire : «Je veux agir», pas plus que qui que
ce soit je n'ai pu dire : « Je veux vouloir, je veux avoir les
idées génératrices de telle ou telle volonté. » Je n'ai pu que
travailler d'après mes idées, dans un sens plutôt que dans
un autre, et pour la confirmation de ces mêmes idées.

Les passions et l'enthousiasme ne m'ont jamais beaucoup
remué, encore moins l'ambition personnelle. Je ne fus
poussé que par un entraînement irrésistible vers le bien et
le vrai, deux choses qui, dans les principes moraux et sociaux, ne peuvent être un instant séparées. Avec la notion
du droit, je n'avais que la passion du droit, si l'on peut appeler passion la soif du progrès, le besoin de voir l'homme
et les sociétés arriver à l'apogée possible de leur virtualité
physique, de leur valeur morale, de leur puissance intellectuelle, des libertés et du bien-être qui en seraient les conséquences.

Mais, pour n'être ni violente dans ses aspirations, ni dés-
ordonnée dans ses élans, cette soif qui naît de la réflexion,
qui vient du cerveau bien plus que des entrailles, n'en est
pas moins chez moi vive et continue. Pour le dire en
passant, j'ai toujours préféré les hommes politiques ayant

ces convictions soutenues, cette foi réfléchie, scientifiée, à ceux qu'entraînent seule l'imagination, le sentiment, ou à plus forte raison une personnalité plus ou moins bien comprise. Un feu sacré échauffe les uns, les éclaire, les anime sourdement, mais sans cesse; les autres s'agitent par instants autour de feux de paille.

Quant à ceux qui n'ont que des intérêts factices, illégitimes, je n'en parle pas : ceux-là ne sont pas des hommes, n'en ont que le nom. On leur fait l'honneur de dire qu'ils changent d'opinions, c'est un grand tort: en changeant de maître et de livrée ils n'en restent pas moins valets. Le caméléon change-t-il de nature en changeant de reflet? En changeant d'acheteur, la fille publique cesse-t-elle d'être une prostituée? Changez l'auge des pourceaux d'Épicure, vous n'avez toujours que des pourceaux.

Il y a encore la masse des ignorants, dont les intérêts sont parfaitement légitimes, et se confondent avec des besoins réels: ceux-là, fût-ce par sauts et par bonds, vont toujours vers le progrès.

Aussi, dès le 26 février, éprouvai-je, avec d'inexprimables dégoûts, une déception bien cruelle! Tout cela était-il dans de fatales nécessités de transition? Je ne le crois pas. Je pense, au contraire, qu'on peut, mais à des titres différents, en attribuer les causes à certains hommes et du lendemain et de la veille.

Quoi qu'il en soit, je n'en fus pas moins affligé de voir, pour fonder et organiser la République, de quasi-démocrates accolés à des hommes vraiment radicaux en principes, républicains et révolutionnaires, dans une mesure du reste où l'abaissement des partis dynastiques et les mœurs de l'époque ne réclamaient qu'une énergie sans violence. Je n'en fus pas moins affligé de voir mes amis, mêlés aux hommes de la nuance que personnifie M. Marrast, aux hommes avec lesquels nous, *Réforme*, nous n'avions jamais pu, jusque dans le cabinet de M. Goudchaux en dernier lieu, nous entendre pour diriger le parti démocratique en vue de la

lutte, pour conquérir la République! Je déplorai cette bon-
homie qui croyait converger vers l'union en acceptant, sur
la même liste, les noms d'opposants d'un passé si divers, de
tactique si différente! Il n'y a de fusion possible qu'entre des
principes et une ligne de conduite identiquement déclarés
et jurés. Rapprocher, sans garanties, des individualités dis-
parates, c'était créer l'antagonisme. Je sentais que de cette
hétérogénéité, et surtout de la prépondérance numérique
de la partie bâtarde, devait sortir un pouvoir dénué de
toute synthèse et de toute pratique sagement, mais ferme-
ment révolutionnaire.

Quelques conversations avec Ledru-Rollin, au ministère
de l'intérieur, et avec Louis Blanc, dans cette Commission
du Luxembourg, calomniée depuis avec tant de bêtise et de
noirceur, achevèrent de m'ouvrir les yeux. Je prévis dès
lors que ceux qui, après avoir presque seuls amené le
24 février, s'étaient laissé faire minorité, seraient bientôt vic-
times d'avoir joué au gouvernement, d'avoir *fayettisé* avec
ceux qui s'étaient faits majorité. Majorité personnelle,
étroite, incapable du grand travail et des grands efforts du
moment. Je gémissais de voir cette majorité chercher son
point d'appui, sinon précisément dans les coryphées des
partis vaincus, du moins dans la portion gâtée de la bour-
geoisie. Je gémissais de la voir accueillir, comme des dévouements républicains et même comme des capacités, des
adhésions parées et masquées! Je gémissais de la voir dé-
créter les 45 centimes, au lieu de se placer dans les droits
et les besoins populaires, au lieu de prendre, au double
point de vue politique et économique, quelques uns de ces
grands moyens de nature à faire comprendre, c'est dire à
faire aimer la République depuis le dernier atelier jusqu'à
la dernière chaumine. C'était enfin tristesse et pitié de la
voir laisser, avec une si niaise inconséquence, toutes les
fonctions influentes aux mains des ennemis de la démocratie. Et cela, lorsque dans une seule des premières
grandes journées de l'Hôtel-de-Ville, la minorité, mieux

unie, pouvait reprendre les rênes de la révolution, au lieu de creuser, avec cette majorité, le lit dans lequel coule à présent la réaction, et d'où heureusement elle déborde !

C'est alors que je ressentis plus vivement la perte de deux de mes meilleurs amis : Garnier-Pagès et Godefroy Cavaignac !

Si, dans leur ardeur définitive, nos dernières luttes contre Louis-Philippe étaient déjà rudes pour le tempérament, avant tout parlementaire, du premier, ses principes radicaux du moins, sa capacité pratique, sa persévérance et sa finesse dans le maniement des choses ; la connaissance qu'il avait des arlequins des vieux partis, de la valeur factice des roués et des bavards du Palais-Bourbon, eussent été de bien précieuses qualités pour le lendemain de la victoire !

Dans le second, la pureté des traditions et des intentions, sa trempe révolutionnaire à la fois énergique et mesurée, ses seules sympathies et ses répulsions personnelles, eussent déjoué les gaucheries et les intrigues de ces républicains hybrides, aussi bien que les habiles perfidies de ces royalistes déguisés, qui plus tard devaient être si funestes au noviciat politique de son frère, gêner son coup d'œil, et surprendre une loyauté qui est héréditaire dans sa famille.

Plus que d'autres, d'abord, Godefroy eût pu refréner la trop confiante expansion de Ledru-Rollin, l'éclairer sur les brouillons et les faux frères, le mettre en garde contre une partie de son entourage.

Mais ne ravivons pas des souvenirs si pénibles. Les républicains de toutes nuances ont reçu, chacun à sa façon, des enseignements qui, je l'espère, ne seront pas perdus. Et d'ailleurs, la bonté de leur cause, leurs principes ne sont-ils pas au-dessus de ces erreurs personnelles qui, dogmatisées, font la faiblesse des domesticités monarchiques ?

Bientôt, en présence du dévergondage et de la démence contre-révolutionnaires des trois camps dynastiques ; en présence de tant d'immoralités et d'apostasies ; devant cette triple orgie d'inconstitutionnalités, d'arbitraire qui mettait chaque jour en question la tranquillité du pays, et pour chacun, les garanties imprescriptibles, proclamées depuis soixante ans par la raison et par le droit public; témoin, d'un autre côté, dans le parti, ou plutôt dans les sommités du parti démocratique, de ce défaut d'unité de conduite, de ce manque d'adresse et de labeur qui furent trop souvent et sont encore la seule force de nos ennemis, je ne pus me défendre d'une affliction profonde.

Persuadé que nous étions dans un moment de crise latente et d'expectative, jusqu'à ce que la seule force de l'opinion vînt pacifiquement ramener le bon sens, la justice et la nationalité dans les affaires du pays, — à moins qu'un accès de vertige de l'un des trois côtés ne provoque, d'un quatrième, avec l'appoint des deux autres, une solution rapide et radicale, — je me suis un instant éloigné de ce cirque. Je me suis écarté de ces lutteurs qui, à droite, me soulevaient le cœur, et, à gauche, déviaient trop souvent, sinon de mes principes quant au but, du moins de mes vues dans les moyens.

Ainsi, le défaut de mémoire du parti républicain, souvent égaré par l'exclusivisme de ses ultras, — dupes en cela des royalistes, — ce défaut de mémoire dans l'appréciation des hommes, dans leur appropriation à la besogne constituante, législative et militante;

L'impossibilité d'exposer ce que je n'avais plus, pour la fondation d'une tribune vraiment démocratique, rationnellement et pratiquement socialiste;

L'abstention à la fois et l'élimination violente des républicains des fonctions administratives, sous la République élyséenne;

Enfin, pour faire aussi diversion à des peines, à des préoccupations privées de toute nature : tels sont les divers motifs qui me ramenèrent vers un ordre d'idées qui m'avait toujours attiré, avant que la politique fût venue m'en arracher. Je me suis retourné vers la philosophie des sciences, au point de vue spéculatif, et, à celui de l'exécutable, vers l'organisation de l'enseignement.

C'était encore m'occuper, d'une façon, de ce que je paraissais négliger d'une autre; car ces deux grands jalons m'ont toujours paru indispensables pour aborder l'étude de la direction des sociétés.

En effet, de quoi cette direction se compose-t-elle, si ce n'est de l'éducation nationale, pour les jeunes citoyens ; de la législation économique et politique, pour les faire vivre et les guider, adultes ; enfin, des systèmes répressifs pour le redressement moral des écarts exceptionnels ?

J'ai donc revu, avec ce plaisir amer qui s'attache aux souvenirs des belles années de la vie, ces jardins, que de ma cellule de la rue de la Clef je dévorai des yeux trop longtemps; ces galeries, ces amphithéâtres, ces bibliothèques, où sont rapprochés, concentrés, matérialisés, vivifiés, conservés, étiquetés, expliqués les trois règnes de la nature.

C'est là qu'après avoir abandonné la carrière étroite et si peu morale de ce qu'on appelle le droit, j'avais senti pour la première fois que la médecine aussi est une des sciences les plus universelles; que pour agir sur l'homme physiquement ou moralement malade (ainsi qu'on le dit en parlant de deux états très différents sans être contraires, de deux états corrélatifs de sa nature), il faut l'étudier, structure et fonctions, à son état normal; il faut l'approfondir dans toutes ses phases organiques de nutrition, de reproduction, de sentiment, de sensation et d'intelligence; il faut connaître en même temps tout ce qui peut le modifier dans ce qui l'environne. Or ce qui l'environne, n'est-ce pas tout notre univers ?

Là j'avais déjà compris que, en morale, en politique, pour ce qui regarde l'individu ou la société, on ne peut poser aucune base solide sans la reconnaissance positive des besoins les plus matériels, comme des penchants instinctifs

et des facultés mentales de l'espèce humaine; qu'à chacune
de ses dispositions physiologiques correspond un droit de
la satisfaire ; que le devoir est le respect et le dévouement
pour les droits d'autrui ; que chaque droit, individuellement
absolu, se socialise, devient relatif dans toute réunion
d'hommes, et que toute société, tout gouvernement qui
en est la représentation vraie, peut et doit donc, sans nier à
aucun être les droits qu'il tient de son organisation, régler
l'exercice de ces droits.

J'avais compris qu'un peuple neuf à la démocratie doit
procéder par délégation d'abord, mais par une délégation
franche, universelle, éclairée par la libre discussion orale
ou écrite, et cimentée par le mandat précisé d'une part et
accepté de l'autre. C'est seulement dans une civilisation
bien plus avancée, qu'à part la réglementation du temps
qu'il peut donner aux affaires publiques, on doit songer à
ce que ce peuple légifère et gouverne par lui-même. Longtemps, en effet, il a des instincts assez sûrs pour choisir ses
mandataires là où se trouvent les capacités et les dévouements sociaux, mais sans posséder encore le savoir, ni le
savoir-faire personnels.

Jusqu'au perfectionnement de son éducation politique,
tous les arguments tirés des mauvais résultats électoraux se
retournent donc contre l'idée, juste en principe, du gouvernement direct, et militent en faveur de la seule réforme des
abus qui faussent le vote universel.

Jusque-là il faut donc se contenter de soumettre à l'ac-
ceptation ou au refus de la nation les lois faites, et de renou-
veler fréquemment et par fractions le corps représentatif.
De la sorte le peuple n'abdique pas trop longtemps l'exercice
de son droit, il n'en néglige pas trop l'apprentissage, et la
représentation traduit toujours le fait social, est toujours la
loi vivante.

Jusque-là la transition rationnelle, c'est la liberté, c'est la
vérité dans l'universalité du droit électif; dans l'éducation
nationale commune, gratuite, obligatoire; dans l'organi-

sation vraiment nationale aussi des gardes civiques et de l'armée, du pouvoir judiciaire, du jury, de la presse.

Si en dehors de ces vues pratiques on se préoccupe des principes purs, autrement que pour les poser dans l'avenir, on entrave la réalisation des nécessités transitionnelles.

C'étaient là les thèses qui, dès les premiers temps de la restauration, absorbaient la pensée et les heures d'une jeunesse ardente et studieuse, de cette jeunesse qui couvait le carbonarisme, et ne sortait des controverses de la *Loge des Amis de la vérité* que pour s'exercer à la charge en douze temps, dans les garnis du quartier latin. Ces principes tant débattus furent en partie formulés dans la déclaration du président de cette loge, de Buchez, en ce temps-là révolutionnaire et positiviste, lorsqu'au nom de tous, il protesta contre l'arbitraire brutal qui croyait, en fermant une porte, étouffer ce foyer de chaleur et de lumière !

Aussi ne puis-je m'empêcher de sourire quand je vois, sous le soleil, notre jeune génération accepter pour du nouveau certaines choses, par cela seul qu'elles sont nouvellement répétées. Cela me rappelle encore, sous la branche cadette, l'étonnement de certains théoriciens réformistes, lorsque je leur montrai, au grand complet, toute la question électorale systématisée dans l'un des discours de Robespierre.

Aussi, après avoir vu, depuis Février, nos publicistes à l'œuvre; avec plus de connaissance des hommes et des partis, plus d'expérience durement achetée, ai-je retrouvé avec un vif intérêt, dans une nouvelle étude des sciences naturelles, de nombreuses confirmations théoriques de celle que je délaissais malgré moi dans l'application.

L'anthropologie surtout devait me fournir d'excellents matériaux pour la science sociale et pour celle de ses divisions la plus importante, pour la politique, cette étude de l'organisme des autorités sociétaires, des rapports des gouvernés et des gouvernants. Je devais trouver dans la science de l'homme des principes féconds pour la légis-

lation, cette hygiène morale collective, et enfin pour la
question pénitentiaire, cette thérapeutique individuelle
des passions subversives sous les bons gouvernements,
cette compression fatale aux bons citoyens sous les pouvoirs tyranniques et les magistratures corrompues.

Cette question surtout, j'avais pu la saisir déjà sous tous
ses aspects et dans toutes ses nuances : depuis les tristes
cabanons de Sainte-Pélagie, les hideux cachots de la Concier-
gerie, les chambrettes verrouillées et grillées du Luxembourg, jusqu'à la triple combinaison de l'exil, de la prison
et d'un ignoble arbitraire policier, dans les anciennes case-
mates de la citadelle de Doullens. J'avais pu l'analyser, depuis les angoisses de l'isolement absolu jusqu'aux tortures
de la promiscuité permanente, même avec des égaux, à plus
forte raison révoltante, avec des malfaiteurs !

D'une part, la morale et l'éducation, comme la médecine,
— ces sciences tout humaines, — ayant pour objet de faire
durer et valoir l'individu et l'espèce tout ce qu'ils peuvent
durer et valoir organiquement, affectivement, intellectuellement, au milieu et aux dépens des autres êtres vivants
et inorganiques ;

D'un autre côté, les métaphysiques jusqu'à présent dites
religieuses, c'est-à-dire l'inconnu, ne pouvant formuler ces
mêmes sciences ;

J'ai pensé qu'il était temps de faire comparaître les théo-
gonies du passé, les législations vermoulues, les systèmes
surannés d'enseignement et de correction, devant le tribunal
de la physiologie, de la véritable phrénologie, c'est-à-dire
de la psychologie et de l'idéologie vraiment anthropologi-
ques et positives.

J'ai pensé que le moment était venu de repousser vers
l'enfance des civilisations les philosophies de séminaires, les
morales de salons, les codes du privilége et de la compression, et ces exhumations répressives tentées par le défaut
de savoir ou par la vengeance.

Ces explications préliminaires s'adressent plus spécialement à certains de mes amis qui me disent, croyant être bien sages : « Vous faites bien mieux de vous occuper de sciences que de polémique, » et à ceux qui, à tort, pourraient attribuer au découragement mon éloignement momentané de l'arène politique.

Comme l'a dit un Conventionnel : « La France sauvera la France. » Je n'ai pourtant pas oublié que je suis un de ses enfants, et qu'un citoyen doit toujours à la Patrie, tant qu'il ne lui a pas encore tout donné. Tous les républicains n'ont pas la parole puissante de Ledru-Rollin, une plume comme celle de Lamennais, de Félix Pyat, le courage ardent de Barbès, le sang-froid de Guinard. Mais du moins ces vieux et bons amis peuvent compter par milliers les dévouements à la démocratie, à la République et au socialisme.

J'ai dit les motifs de mes excursions.

Voyons-en maintenant les conséquences.

DEUXIÈME PROMENADE.

Le triple but que je me propose.

Je puis indiquer les résultats soit actuels, soit futurs peut-être, de mes pérégrinations au Muséum, avec plus de méthode que je n'en apportai dans ces promenades mêmes.

Le premier, celui qui fait l'objet de la présente publication, — et que je désire étendre plus tard au Collége de France, — aura été de grouper SUR LE HAUT ENSEIGNEMENT, dans cette utile et belle institution du Muséum, QUELQUES SIMPLES REMARQUES D'UN HOMME DU MONDE.

Ce que fut le Muséum, je ne le rappellerai pas. Mais en l'esquissant tel qu'il est, abstraction faite d'abord des doctrines qui y sont professées, et seulement comme centre de vulgarisation pour les faits acquis à la science, je montrerai naturellement ce qu'il devrait être. C'est dire en même temps ce qu'il sera, dès qu'au lieu d'une République bourgeoise, menée par des dynastiques avec les lois organiques des monarchies, nous aurons une République vraiment démocratique et... toutes ses conséquences.

Les moyens d'atteindre le mieux possible ce but de HAUT ENSEIGNEMENT ; la nature et le nombre des CHAIRES, l'organisation, la distribution des COURS, même dans leurs détails, fixeront tour à tour mon attention.

Les caractères et les conditions du PROFESSORAT me préoccuperont surtout, ainsi que les qualités et les devoirs du PROFESSEUR.

Mes premières revendications porteront donc bien moins sur la science elle-même, que sur les moyens de la propager : moyens essentiels à cet établissement, puisque l'enseignement est son caractère principal, puisque des cours y sont fondés, et qu'il nomme des professeurs rétribués à ce titre.

Certes, nous sommes bien loin de Louis XIII, de Louis XIV et de Louis XV, de 1626, de 1640, de 1699 et de 1728, de ces temps où des monarques absolus donnaient à leurs médecins la surintendance du jardin botanique, berceau du Muséum actuel.

Mais nous sommes loin aussi du 10 juin 1793, date de sa fondation véritable par un décret de la Convention.

L'organisation de cet établissement a suivi, mais toujours beaucoup trop en arrière, nos constitutions politiques. Au privilége, à l'arbitraire d'un seul, a succédé une espèce de représentatif qui ne représente qu'un monopole oligarchique, familial, et presque anarchique.

Les vues de la grande époque Conventionnelle, si éminemment active, qui ne voulait, dans cette création, qu'un moyen d'application aux progrès de l'agriculture, de l'industrie et du commerce ; ces vues ne conviennent même plus à cet établissement, si l'on veut en faire une institution

de premier ordre, un des sanctuaires du haut enseignement. Autre temps, autres exigences. La division et la
distribution des différentes tâches scientifiques et artis-
tiques se sont opérées. Partout des centres secondaires
d'enseignement, quant à l'application, s'étendent et se
généralisent. Il faut donc spécialiser la science pure.

Si encore ce décret et ces règlements de 93 étaient suivis
dans ce qu'ils ont de bon ! Ce serait du moins un hommage
rendu à ces *scélérats*, comme le dit, dans la myopie de son
honnête modération, le légitimiste-orléaniste-républicain-
bonapartiste Dupin ; ce serait la glorification de ces *partageux*
qui, devant l'Europe absolutiste en armes, au milieu des in-
surrections et des complots royalistes, firent, en un moment,
bien plus, moralement et financièrement, que quatorze
siècles de monarchie, pour répartir dans la grande famille
la science et le bien-être dont elle est la source; et cela,
malgré leur pauvreté et au prix de leur sang! Mais, hélas! on
ne voit de ces hommes si grands que le côté fâcheux,
et on ne les calomnie qu'en faisant ce qu'à tort on leur
reproche. Ils furent contraints d'appeler la force au se-
cours du droit et de la nationalité : les royalistes, eux,
n'ont jamais su que mettre la ruse et la violence au service du privilége et de l'étranger.

Dans les améliorations que j'indiquerai, je parlerai donc
sans distinction aucune, et de celles que comporte
l'organisation actuelle, le personnel fonctionnant du Muséum, et de celles que réclamerait l'esprit de notre siècle
pour une nouvelle constitution de cet établissement, pour
une nouvelle loi organique, pour de nouvelles dispositions
réglementaires.

Cette publication sera le plus sec, le plus matériel, le
moins agréable de la tâche que je médite pour d'autres
temps. Mais elle ne sera peut-être pas la plus inutile. Je n'y
parlerai, certes, ni de toutes choses, ni de chaque chose à
sa place; mais j'y agrégerai cependant, le plus possible,
par ordre d'affinité, les remarques principales.

Le second résultat que j'aurai obtenu, pourvu que, en ce qui me concerne comme en dehors de moi, le temps présent si gros d'avenir me le permette, ce sera, au point de vue doctrinal, de pouvoir un jour adresser de SIMPLES QUESTIONS D'UN AUDITEUR AUX PROFESSEURS DU MUSÉUM, tant sur l'ordre de faits par chacun d'eux exposé et sur ses théories, que sur son mode d'exposition.

Je puis, à cet égard, dire mon mot comme le premier venu ; je le ferai donc en toute humilité, mais en toute franchise.

Certes, je ne sais pas grand'chose, disons mieux, je ne sais rien, et je ne suis rien, pas même..... électeur, quoique éligible, grâce au bon sens et à la moralité qui ont restreint le suffrage universel. Mais si je suis resté longtemps étranger aux sciences que j'avais effleurées, aux hommes et aux travaux qui les ont fait grandir ; si, depuis vingt-cinq ans, je n'ai pas ouvert un seul ouvrage d'histoire naturelle, — me contentant, dans mes goûts d'observation, de feuilleter le grand livre de la nature, — il n'en est pas moins vrai qu'en remettant le pied au Muséum, je n'y ai retrouvé mes vues, dans les quelques timides sectateurs de l'école positive et philosophique, que bien incomplètes et bien bornées. Il n'en est pas moins vrai que, comme tout le monde, j'ai besoin de réfléchir, et, comme bien des gens encore, heureusement, j'ai l'habitude de dire librement ma pensée.

Entre des notabilités scientifiques et mon ignorante et chétive individualité, pas de rivalité, pas de jalousie un instant supposables, puisqu'en fait de places je n'ambitionne, sur les bancs de leurs amphithéâtres, que celles d'où je puis mieux les voir et les entendre pour m'instruire.

Je ne serai guidé par aucune préférence préconçue, par aucune animosité personnelle ; car je n'ai pas l'honneur de connaître ces messieurs ; je me suis même, en général, pour mieux conserver mon franc-parler, abstenu d'en chercher l'occasion, malgré le plaisir que j'aurais eu à la trouver. Et si cette occasion s'est offerte pour trois ou quatre d'entre eux, je n'ai même eu qu'à me louer de leur fraternel accueil.

Mais comme il serait peut-être trop long d'attendre que j'eusse écrémé, dans leur ensemble, des cours qui, pour le dire par anticipation, ne se complètent que tous les deux, trois, quatre ans, et quelquefois plus, je pourrais commencer par la fraction que M. Flourens a terminée l'autre année. Je la choisirais volontiers, parce qu'elle résume, à peu près, sur un certain nombre de points importants, les faiblesses de ce que j'ose moi, profane, appeler la vieille école. J'y montrerais alors les contradictions, les illogismes entre les propres idées du professeur, les inconséquences entre l'éclectisme de ses doctrines et la dialectique des faits, ou, au delà des faits, les probabilités analogiques, l'enchaînement des inductions. Je le ferais sans parler, bien entendu, des glorifications que peuvent s'adresser à elles-mêmes certaines vanités qui se sont trop accrochées pourtant aux travaux des autres.

Bien que ce soit, pour tout citoyen, un droit et un devoir de dire aux hommes publics ce qu'il croit la vérité, je n'ai cependant pas besoin d'ajouter que mes modestes questions d'étudiant ne mettront en doute que le fait ou l'idée, l'observation que je croirai imparfaite, ou les déductions théoriques que je croirai fausses; mais qu'elles ne pourront jamais se traduire par la plus petite déclaration de guerre aux personnes. Je serais désolé de m'écarter des égards que tout homme doit à des hommes, à des concitoyens, surtout lorsque, sans parler de leur position, ces hommes sont plus ou moins distingués par le savoir. J'en donne pour garant les formes que j'ai toujours conservées avec des gens dont pourtant le caractère politique ne commandait guère le respect, avec des gens qui s'appelaient Pasquier, Decazes, Thiers, Dupin, Guizot, Duchâtel, Hébert, et *tutti quanti*, sans même oublier Louis-Philippe, ce grand prestidigitateur qui tint si longtemps les fils de ces marionnettes.

Et toutefois il n'y aurait pas de ma faute, si de certains aperçus généraux on était, par moments, disposé à conclure que, dans le domaine de la réalité, les savants font autant de tort à la science que, dans le champ des hypothèses, dans l'ordre des croyances non scientifiques, les prêtres en font aux religions. Il est dans la nature des choses, que la pensée, les sentiments et surtout les actes individuels vaillent moins que l'idée, le sens et la volonté des masses : et c'est pourquoi, disons-le par occasion, la légitimité de la souveraineté du peuple, formulée dans une organisation vraiment démocratique, est la seule qui puisse dominer, de toute la hauteur d'un principe, le pouvoir de fait d'un seul, l'autorité de quelques uns, ou la prépondérance de certaines classes.

Le troisième et dernier résultat que j'aurai tiré de mes excursions au Muséum, aura été l'emmagasinement de matériaux plus ou moins propres à fonder un jour une PHILOSOPHIE POSITIVE, SUR LA SYNTHÈSE DES SCIENCES NATURELLES, RELIÉES ENTRE ELLES PAR LES RAPPORTS DES FAITS QUI LES CONSTITUENT.

Ce travail est et sera, sans aucun doute, au fond comme dans la forme, cent fois trop lourd pour mes forces, ou plutôt pour ma faiblesse. Mais il me restera toujours l'avantage d'en avoir conçu le germe et l'ensemble ; d'avoir remué l'idée, de m'en être occupé. Et soit que la *justice* des partis rétrogrades, soit que la maladie ou la vieillesse me préparent encore dans une geôle, ou me laissant, dans ma chambre, des loisirs de quelque durée, ce travail, ainsi que l'autre, ne dussé-je même aussi jamais le publier, pourra fournir un aliment utile à cette activité qui se concentre alors dans la tête. En tout temps, mais surtout par le temps qui court, et à mon âge, il est bon d'avoir de pareilles provisions en réserve.

Pour cela, du reste, je me sens certaines dispositions, quelque négatives qu'elles puissent paraître de prime abord : celles, de n'être ni usé, ni écrasé par les détails, d'être fort de mon ignorance pour me placer sur une table rase; d'avoir donc pour souder et généraliser les faits suffisamment acquis et acceptables, une virginité d'impressions, une intuition des rapports toujours convergente vers la synopsie des sciences, vers l'encyclopédisme, vers cette unité de la substance très conciliable, dans la nature, avec la variété des apparences.

Si je ne suis plus capable de bien classer en détail tel ou tel échantillon minéralogique, telle ou telle fleur, tel ou tel animal, à ma juvénile mémoire des mots et des nomenclatures d'abord, puis à celle des faits, a succédé celle des idées qui les résument. Celle-là me permet encore de conserver assez longtemps ces idées pour les rapprocher, pour de leur contact en voir jaillir d'autres, et sans que j'aie, en quoi que ce soit, le talent de l'écrivain, me permet aussi de les exprimer.

J'ai motivé mes flâneries, puis j'ai précisé leur but : je commence donc mes véritables tournées.

Chacune d'elles demanderait évidemment une publication spéciale; mais je me bornerai à indiquer ce qui pourrait faire, en de meilleures mains, l'objet de développements ultérieurs.

TROISIEME PROMENADE.

Programme des cours.

Arrêtons-nous devant l'affiche placardée sur les murs de l'établissement, pour 1850. Ce programme des cours, en voici la teneur, sauf les indications données pour quelques uns, des sujets traités dans la partie annoncée, et pour tous, du lieu et des jours des leçons :

Cours de physique appliquée.. MM.	Becquerel, professeur..	en octobre.
de chimie générale.........	Gay-Lussac (Frémy, suppl.)	avril.
de chimie appliquée........	Chevreul.............	mai.
de minéralogie	Dufrénoy.............	avril.
de géologie...............	Cordier..............	octobre.
de botanique et physique végétale.	Ad. Brongniart	avril.
de botanique dans la campagne.	Jussieu........	suivant la saison.
de culture...............	Mirbel (Decaisne, suppléant).	mars.
d'anatomie et histoire naturelle de l'homme, d'anthropologie.	Serres................	octobre.
d'anatomie comparée.......	Blainville (Gratiolet, suppléant).	oct.
de physiologie comparée.....	Flourens.............	juin.
d'histoire naturelle des mammifères et des oiseaux.....	Is. Geoffroy-Saint-Hilaire.	octobre.
d'histoire naturelle des reptiles et des poissons...........	C. Duméril..........	septembre.
d'histoire naturelle des crustacés, des arachnides et des insectes.................	Milne Edwards........	avril.
d'histoire naturelle des annélides, des mollusques et des zoophytes.	Valenciennes..........	octobre.
de dessin appliqué à l'étude des animaux...............	Chazal..............	
des végétaux..............	Lesourd de Beauregard..	

Je n'examine pas si l'on aurait dû classer ces cours dans un ordre plus philosophiquement logique, pour notre époque, plus conforme à une combinaison rationnelle d'analyse et de synthèse en rapport à la fois avec la marche de l'entendement humain et avec l'éducation qui, dans notre civilisation actuelle, doit, après certaines généralités préalables, procéder du simple au composé.

Je n'examine pas si, par exemple, après la physique, cette chimie des masses, et la chimie, cette physique des molécules, on ne devait pas successivement dérouler la géologie, la minéralogie, la phytologie; puis l'anatomie et la physiologie comparées; et enfin les groupes zoologiques, en remontant, au contraire, de la zoophytologie jusqu'à l'anthropologie. Je n'émets qu'un doute à cet égard. D'un côté, l'application des idées que soulève un pareil sujet est sans importance pour ce détail; et d'ailleurs, si à Doullens j'ai, de ce point de vue, jeté sur le papier les bases d'une classification des connaissances humaines divergente et des données arbitrairement idéologiques de d'Alembert, et de celles théoriquement absolues d'Ampère, je n'ai rien publié, rien achevé même à cet égard. Après donc avoir aujourd'hui bien réfléchi devant cette affiche, je n'ai encore rien conclu.

Mais dans ce programme plusieurs vides me frappent. Parlons de ce que je n'y vois pas, avant d'aborder ce qui s'y trouve.

QUATRIÈME PROMENADE.

Lacunes.

Pourquoi, d'abord, l'astronomie ne figure-t-elle pas parmi les sciences professées dans une institution de haut enseignement comme celle du Muséum ? Dira-t-on que cette étude n'a jamais été mise au nombre des sciences naturelles ? Eh bien, je crois (Buffon, qui pensait en grand, partagerait aujourd'hui, sans doute, ma petite opinion), je crois que cette exclusion d'un autre temps doit cesser, et que la philosophie des sciences, ou plutôt de la science, car il n'y en a qu'une, celle de la nature qui est une, réclame, à notre époque, pour l'astronomie, une place aux premiers rangs des grandes divisions naturelles. Cette place, dans l'ordre systématique que j'indiquais tout à l'heure, serait après les deux sciences des faits généraux, et avant la première des sciences qui embrassent les corps spéciaux: c'est-à-dire après la physique et la chimie, et avant la géologie.

Est-ce donc parce que dans sa rigueur, l'astronomie doit s'aider du calcul transcendant, qu'on la reléguerait parmi les sciences dites physiques, dans l'acception restreinte d'un mot dont l'étymologie logique embrasse la nature, la vie universelle? Mais la physique elle-même, la chimie jusqu'à un certain point, comme la statique et la dynamique des corps vivants, n'appellent-elles pas aussi l'intervention des mathématiques? Et cependant on professe au Muséum et la première des sciences physiques, la physique proprement dite, et la chimie, comme introduction nécessaire, sans doute, à l'étude des sciences naturelles, dont elles comprennent les matériaux inorganiques, végétatifs, animalisés et animés.

Il ne s'agit pas ici, comme on pourrait le demander pour les mathématiques pures, d'une langue d'abstraction applicable à toutes les quantités, à tous les rapports, d'un moyen d'instruction approprié à toutes les branches d'une éducation véritable. Il s'agit d'un rameau de première importance dans l'arbre encyclopédique, dans l'étude même des êtres. La même loi ne régit-elle pas, c'est-à-dire n'énonce-t-elle pas, par une formule universelle, le mouvement, ou, sans rien abstraire, la matière agissante dans tous les mondes? Laplace n'a-t-il pas indiqué que l'attraction, la gravitation, ce que j'appellerais plus volontiers l'expansion, pour appliquer au fait cosmogonique une métaphore qui répugne moins que la première aux effets de la matérialité, et qui généralise d'une manière plus sensible que la seconde, tout en comportant les mêmes calculs théoriques; Laplace, disais-je, quels que soient les noms de baptême que lui ou d'autres aient pu ou puissent donner à l'activité de la matière, n'a-t-il pas indiqué que relativement à leur atomistique imperceptibilité, et aux espaces proportionnels qui les séparent, cette même loi doit se manifester dans les particules comme dans les masses? N'a-t-il pas dit que dans les effets d'affinité, de cohésion, de capillarité, etc., les molécules doivent se mouvoir comme gravitent les grands corps de ce que nous appelons l'immensité? que tous, en un mot, agissent les uns par rapport aux autres, en raison directe des masses et en raison inverse du carré de la distance?

C'est donc à cause de leur volume qu'on exclurait du domaine des sciences naturelles les corps précisément les plus considérables de la nature à nous connue? Non, cela ne doit pas être; car outre la liaison intime qu'ont les faits astronomiques avec les phénomènes des corps terrestres, à commencer par notre globe lui-même, les idées de rapports qu'ils projettent sur eux tous les rendent de première importance pour assigner à l'homme et à sa pensée leur rôle et leur portée véritables. Non, aucune science, en réalité, ne peut davantage élever à la fois et annihiler l'homme, ne doit donner à son intelligence plus d'essor, tout en rabattant son outrecuidance. Elle est l'une des sphères, l'un des termes de cette communion des deux infinis que Mercier proposait avec raison pour la première éducation sensoriale et intellectuelle du jeune homme. Près du microscope qui révèle la ténuité des mondes invisibles, doit en effet se placer le télescope, qui nous découvre ces mondes inimaginables par le céleste indéfini de leurs dimensions, de leur nombre et de leur éloignement. Aucune science, d'un autre côté, n'est plus propre à combattre en grand, et de plus haut, tous les préjugés, toutes les erreurs soi-disant scientifiques des premiers âges, toutes les élucubrations prétendues religieuses, ces rêveries dogmatiques sur les inconnues, sur les *x* de l'humanité, qui, au lieu de *relier* entre elles les intelligences des hommes, les ont constamment divisées, en les égarant dans le vide. Oui, cette science, dans le relatif, seul caractère des vérités humaines, montre à la fois l'étourdissante innumérabilité de ces systèmes planétaires, parmi lesquels compte à peine celui dont le soleil est pour nous le centre, et dans ce dernier système, notre misérable taupinière qui n'est déjà plus rien. Or sur ce rien apercevez-vous un animalcule bipède, qui se figure être le roi de l'univers, le but de la création qu'il croit pouvoir imaginer, en dehors de la nature qu'il ne comprend déjà pas !

Mais à propos de ces riens, terre et homme, qui sont tout pour nous :

Si la paléontologie seule peut jeter un peu de jour sur les grandes questions phytologiques et zoologiques, pour lesquelles malheureusement l'histoire de notre monde, même au delà des traditions, semble n'être que de quelques secondes ;

Si cette science, toujours dans l'ordre chronologique des faits, c'est dire des causes et des effets, doit emprunter ses bases à la connaissance des évolutions ou périodes géologiques ;

Si, à leur tour, la géognosie, et avant elle la géogénie, se lient intimement à la notion des phénomènes et des cataclysmes sidéraux ;

Si les rencontres et les chocs mécaniques ; si, physiquement, chimiquement et biologiquement, les pressions par attraction ou par expansion, les températures et les fluides impondérables ont eu et ont sur la terre et sur ses composés des influences primordiales ; — l'astronomie ne doit-elle pas, sinon dominer les autres sciences, du moins leur ouvrir la voie de proche en proche, suivant un ordre inverse de celui dans lequel je viens de les rappeler ?

Je pourrais appuyer encore ces raisons que j'avais pressenties en masse, de certaines considérations qu'a très bien détaillées M. Cordier, en finissant son cours. Mais je ne saurais trop le répéter : homme du monde et non savant, c'est bien moins aux savants spéciaux qu'au public, mais au public éclairé, philosophe et progressif, que je puis et veux ici m'adresser.

Ces idées jetées en bloc, et dont j'ai eu l'occasion d'entretenir un instant M. Chevreul, suffiront, je crois, pour montrer qu'au point de vue philosophique, c'est dire, pour moi, encyclopédique, l'astronomie plane en quelque sorte sur les sciences naturelles, et devrait trouver au Muséum un éloquent et savant interprète.

Même lacune pour la paléontologie générale, qui réclamerait un enseignement, une chaire particulière. Les paléontologies spéciales : minéralogique, phytologique et zoologique, accolées comme annexes, à chacune de ces branches, ne font, isolément, rien conclure au point de vue philosophique. A tout moment la chaîne se brise, les liens échappent.

Enfin, ne devrait-il pas aussi exister au Muséum deux chaires de philosophie des sciences naturelles, confiées aux deux hommes les plus puissants par la pensée et la parole :

L'une appartenant à cette école rieniste, qu'on a tort d'appeler spiritualiste;

L'autre à cette école positive, qu'on appelle à tort matérialiste, en faisant de ce mot un synonyme de sensualiste?

A cette école qui étudie les matérialités les moins sensibles comme les plus prononcées, les réalités du spiritualisme, trop exclusivement, trop aveuglément défini, et les idéalités du matérialisme bien compris. A cette école qui, loin de subalterniser l'esprit à la matière, comme on le dit dans le langage figuré du monde, voit au contraire le progrès individuel et collectif dans la subordination possible du système nerveux trisplanchnique au système encéphalique, en mettant au service de ce dernier, par l'éducation et par les lois, les systèmes sensorial et rachidien.

A cette école enfin, qui étudie à la fois les dissemblances des deux ordres de phénomènes et leurs rapports, tout ce qui les différencie comme tout ce qui les rapproche, et, toujours, non les riens, mais les faits qui les constituent, avec leurs liens indissolubles.

Nous le pensons. Car de même qu'à la liberté d'enseigner, et à l'impossibilité d'unitariser le haut enseignement, se lie la nécessité d'y instituer la controverse, comme nous le verrons un autre jour, de même à l'organisation de ce

libre conflit se rattacherait la fondation de deux chaires de
philosophie naturelle.

CINQUIÈME PROMENADE.

Revue des cours.

Après avoir, tout en cheminant, revendiqué la création
de quatre chaires principales qui n'existent pas au Muséum,
poursuivons notre course, nos remarques et nos questions
sur celles qui y sont établies. Voyons les quelques modifications et transformations que certaines d'entre elles
devraient subir, ou les compléments qu'elles devraient
recevoir.

1° Cours de physique appliquée (*M. Becquerel*, professeur).

Dans une institution de haut enseignement, pourquoi
pas de physique générale? Gay-Lussac n'y professait-il pas
la chimie générale? Les généralités, les hauteurs de la
science ne devraient-elles pas être l'objet exclusif du haut
enseignement? Oui, sans contredit; dans chacune des
sciences naturelles les applications ne devraient figurer que
relativement à l'étude des autres, et non à l'industrie,
à l'agriculture, au commerce, aux arts et même aux pro-
fessions. Elles devraient surgir seulement et subsidiaire-
ment comme des exemples contigus, accessoires, sur
lesquels on glisse sans s'appesantir, et être renvoyées, au
principal, dans les établissements secondaires. Cette tâche,
d'une utilité si grande du reste, c'est celle des écoles d'application proprement dites, et des enseignements profes-
sionnels; mais elle abaisse et rétrécit le haut enseignement.
Pour prendre un seul exemple, quoi de plus propre à

distraire notre esprit des grandes vues géologiques, et surtout géogéniques, que trop de minuties minéralogiques, et que l'étroitesse des questions qui touchent le mineur, le métallurgiste, le lapidaire ou le joaillier?

Ajoutons d'ailleurs que dans l'enseignement du Muséum, l'application est sinon imperceptible, du moins énormément circonscrite et comme accidentelle ; que ce qui est en première ligne commandé par le programme, ne se trouve, dans les cours, qu'au dernier plan : tout juste assez pour rapetisser la pensée théorique, mais d'une manière tout à fait insuffisante pour les véritables spécialités pratiques.

2° Cours de chimie générale (*M. Gay-Lussac*, professeur).

Quant au caractère de généralité que je viens de revendiquer une fois pour toutes, rien de mieux.

Je ne parle pas de la perte qu'a faite la science en perdant ce professeur, comme en perdant Blainville. Elle sera, sans doute, longtemps sans compenser ce double veuvage dans le monde entier, et surtout au Muséum !

3° Cours de chimie appliquée (*M. Chevreul*, professeur).

Mêmes réflexions que pour le cours de physique. Et par anticipation, quelque habile applicateur que soit M. Chevreul, comment cette chaire a-t-elle été dévolue à l'un des savants qui possèdent le plus de théorie chimique, à l'homme peut-être qui comprend avec le plus de largeur et de portée la philosophie de la science? Je ne parle aujourd'hui que du savant : à un autre jour le professeur.

Cet enseignement vient d'être transformé par M. Parrieu, depuis la mort de Gay-Lussac. Pardon, si la nature du sujet m'a fait rapprocher du nom d'un homme supérieur celui du Lakanal à reculons de ces trois camarillas coalisées pour attaquer la révolution et la République, mais désunies dès qu'il s'agit de la question de livrée.

Maintenant il y a deux chaires de chimie, et toutes deux de chimie appliquée : l'une aux corps organisés, remplie par M. Chevreul ; l'autre aux corps inorganiques, parfaitement occupée par M. Frémy.

Mais c'est un exemple de plus de ces résolutions, de ces combinaisons, de ces fondations auxquelles le but raisonné de la science, eu égard au vrai caractère du haut enseignement, préside bien moins que les considérations et les questions de personnes. C'est donc, en dehors de ce que nous avons dit contre l'application, une superfétation quant au nombre des chaires nécessaires.

4° Cours de minéralogie (*M. Dufrénoy*, professeur).

Sur cet enseignement de ce qu'on pourrait appeler l'anatomie fine de la géologie, rien à dire sous le rapport qui nous occupe en ce moment, si ce n'est à reproduire ce que nous notions, pour le cours de physique, sur l'inconvénient et à la fois l'insuffisance de l'application. Mais, afin de n'y pas revenir, répétons encore que cette remarque est plus ou moins applicable à tous les cours ; et cela, sans préjudice des détails dans lesquels nous entrerons plus tard, peut-être, sur le mode d'exposition de chacun d'eux.

5° Cours de géologie (*M. Cordier*, professeur).

Pour l'instant, rien de plus à cet égard.

6° Cours de botanique et de physique végétale (*M. Ad. Brongniart*, professeur).

Mauvais énoncé à mon sens, et lacune à remplir. La nature de cet enseignement réclamerait deux chaires, mais deux seulement, pour les conquêtes opérées dans cet ordre de faits :

1° Un cours d'anatomie et de physiologie phytologiques ;

2° Et un cours de botanique proprement dite, de classification, d'exposition caractéristique et différentielle des classes, des familles, des genres et des espèces.

7° COURS DE BOTANIQUE DANS LA CAMPAGNE (*M. Jussieu*, professeur).

Encore, à mon avis, une superfluité et un écart du but élevé vers lequel devrait tendre l'institution. Encore un enseignement de détails, certainement utile en lui-même, mais déplacé, mais inharmonique avec le caractère grandiose que devrait avoir le Muséum. Encore un exemple de ces chaires que l'on crée simplement pour des hommes, au lieu, je ne dirai pas de les approprier, — car ici l'appropriation personnelle peut se soutenir, — mais au lieu de subordonner les individualités à la fondation rationnelle des chaires.

8° COURS DE CULTURE (*M. Mirbel*, professeur; *M. Decaisne*, suppléant).

Mêmes réflexions. C'est une application de la phytologie, dans un établissement où les collections végétales et zoologiques, soit anatomiques, soit vivantes, ne devraient être considérées que comme des moyens de démonstration pour la science pure, et des matériaux pour l'expérimentation théorique.

9°, 10°, 11°, 12°, 13°, 14°, 15° SEPT COURS DE ZOOLOGIE (*MM. Serres, Blainville* (*Gratiolet*, suppléant), *Flourens, Is. Geoffroy-Saint-Hilaire, C. Duméril, Milne-Edwards* et *Valenciennes*, professeurs.

Puisqu'on a jugé nécessaire, à cause du nombre et de l'importance des faits qu'elles embrassent, de fonder sept chaires pour les grandes divisions que comporte la zoologie, dans l'acception la plus étendue du mot, nous ne déduirons, par avance, qu'une seule chose de cette répartition du travail : c'est la légitimité des exigences qu'elles motivent, soit en général, soit en particulier. Aussi, la première exceptée, après ce que nous avons dit *in globo*, à propos des autres, rappelons-nous en ce moment ces chaires, sans nouvelles observations.

Je ne veux faire, en passant, qu'une remarque de mots sur le cours *d'anatomie et d'histoire naturelle de l'homme, d'anthropologie*. Ce titre me paraît à la fois incomplet et redondant. *Anthropologie* suffisait, ce me semble, à caractériser cet enseignement de premier ordre pour la civilisation; mais à condition qu'on entendrait par là, non seulement l'anatomie transcendante de l'homme, mais aussi au même degré supérieur, sa physiologie, soit embryonnaires, soit adultes, soit individuelles, soit collectives; en un mot, tout ce qui concerne l'histoire naturelle de l'homme, des âges, des sexes, des races, des peuples, et même de leurs milieux climatologiques.

16° et 17° Cours de dessin appliqué a l'étude des animaux et des végétaux (*MM. Lesourd de Beauregard* et *Chazal*, professeurs).

Ces deux cours sont loin de contredire mes idées sur les applications qui ôtent au Muséum son cachet de haut enseignement. Ici ce ne sont pas des applications pratiques de la science; ce sont des moyens d'instruction appliqués à l'étude de la science, de l'histoire naturelle.

SIXIÈME PROMENADE.

La science et le professorat.

On ne sépare pas assez généralement le professorat du génie scientifique, le professeur du savant. Cependant chacun d'eux a dans sa mission, dans sa fonction, dans les résultats qu'il doit obtenir, une utilisation bien différente, une spécialité toute diverse, et presque, à certains égards, indépendante de l'autre.

En dépit de la syntaxe, on ne peut vraiment donner le nom de savant à celui qui ne fait que savoir. Pour mériter ce titre, il faut faire marcher la science par ses travaux, par l'initiative des idées, par ses expériences, et même par ses écrits; car

Ce que l'on conçoit bien s'énonce clairement.

Et sous ce dernier rapport, il n'est pas un savant qui n'ait à son service une littérature suffisante pour rendre sa pensée. Mais travailleur avant tout, le plus souvent il creuse longtemps son puits en silence. Il lui faut donc le moins possible de diversions.

A l'homme dont les méditations profondes et l'expérimentation soutenue ont cette puissance, l'État doit aide, ou plutôt juste rétribution. A ces natures d'élite dont le front pâlit, dont les cheveux s'argentent si vite au milieu des éclosions de vérités nouvelles, il faut, non pas le luxe qui distrait et énerve, mais, dans la retraite, toutes les douceurs et les sécurités de la vie. On doit laisser sans préoccupations matérielles, sans compression, sans entrave aucune, toute liberté, tout essor à leur intelligence. Si la pauvreté peut développer l'activité de l'homme, ce n'est qu'une activité commune. Mais peu d'organisations sont assez fortement trempées pour que les besoins corporels, ainsi que la captivité, cette gêne de l'esprit, aient un pareil résultat sur la tension purement méditative.

Pour ces vrais savants on comprend donc parfaitement de jolies petites villas et un certain nombre de billets de mille francs par année, comme condition terrestre et comme compensation de leur sacerdoce intellectuel.

Il en est tout autrement du professeur, excepté quant à la subvention matérielle, qu'il mérite aussi. Il en est tout autrement des qualités pour ainsi dire dramatiques qui ca-

ractérisent essentiellement sa spécialité. Vulgarisateur avant
tout, on n'a pas droit d'exiger de lui qu'il ait du génie, qu'il
enrichisse le fonds de la science, si la possédant à son état
actuel, il l'expose avec méthode et lucidité ; s'il sait l'ino-
culer par ce charme d'élocution, par cet entraînement de la
voix et du geste qui commandent et soutiennent l'attention,
qui fécondent la conception, qui suspendent ses auditeurs
à ses lèvres, et identifient, en l'électrisant, leur intelligence
à ses révélations.

Malheureusement, dans le cercle vicieux où jusqu'à présent
a pirouetté l'éducation publique, ce talent de la parole (on
pourrait presque dire aussi de la plume) ne traduit nullement, en général, n'implique nullement chez ceux qui le
possèdent la force et la justesse de la pensée. C'est même
là, dans une tout autre sphère, l'une des plaies qui rongent
nos assemblées délibérantes. Le bon sens et le sens moral auraient tout à gagner si l'on n'accordait à l'orateur que
dix minutes pour exprimer et motiver son avis ; si on laissait
chacun à ses inspirations, au lieu d'abandonner ces assemblées à des artistes qui ne sont le plus souvent qu'artistes, à
d'impitoyables jaseurs qui déguisent la petitesse et la pauvreté du fonds sous la longueur et l'ornementation de la
forme. Je ne fais pas allusion ici qu'à M. Thiers...

Donc, pour revenir à notre sujet, il faut prendre les choses comme elles sont. Puisque c'est par hasard que se font
les princes de la parole ; puisque pendant qu'on fonde des
institutions, des concours pour l'art de la déclamation poé-
tique, pour la langue du lyrisme, pour l'expression prosaï-
que du drame, pour que la première venue des robes noires
puisse parler deux heures sur la mitoyenneté d'un mur, — on
ne fait rien pour mettre l'art oratoire au service des études
sérieuses, des grandes fonctions sociales, de la capacité
scientifique, il faut donc bien chercher et prendre isolément, là où ils ne se trouvent pas prédestinés pour cet
heureux cumul, soit les hommes d'État, soit les orateurs,
soit les savants, soit les professeurs. Il faut encadrer chacun

dans sa vocation, et regarder comme une trouvaille celui qui réunit les deux mérites à la fois.

Car je ne prétends pas assurément que ces deux genres n'aient rien de commun. Mais je dis que c'est par exception qu'on rencontre chez le même homme la double supériorité du penseur et du parleur. Supposez bègues, ou atteints d'une extinction de voix, Aristote, Buffon, Cuvier, Geoffroy-Saint-Hilaire, ils n'eussent pas moins successivement dominé le monde savant. Mais les deux derniers n'auraient certes pas professé au Muséum, à moins que la constitution locale, ayant prévu le cas, ne leur eût laissé le génie, la pensée, en donnant à leurs suppléants le simple savoir et la parole.

On peut donc, malgré le décret de la Convention, qui a, pour ainsi dire, fait du juste-milieu à cet égard (et répétons-le, c'était à la fois une nécessité et une possibilité de transition pour cette époque si énergiquement pratique et si riche d'hommes forts); on peut, dis-je, resserrer la question en ces termes :

Veut-on faire du Muséum une Thébaïde, un Port-Royal scientifique, pour les solitaires et continuels enfantements des sciences naturelles?

Ou doit-on en faire surtout un foyer pour leur haut enseignement, dans l'état de maturation qu'elles ont acquis presque toutes?

Est-ce comme savants, ou comme professeurs surtout, que les adeptes de l'établissement sont inscrits et émargent au budget?

SEPTIÈME PROMENADE.

Les professeurs.

Sans précisément avoir peur de l'orage, prenons un parapluie : nous causerons, plus tranquilles, sur un sujet tant soit peu délicat.

Nous venons de voir pourquoi nous serons exigeants avec ces fonctionnaires. Oui, voilà pourquoi, sans prétendre, en ce moment, à peser chez eux la science, nous avons seulement à voir s'ils s'en montrent tous, et toujours, de dignes interprètes. Ici, comme dans une autre promenade, qui peut aussi les toucher personnellement, mes bonnes intentions me rassurent; et d'ailleurs ce n'est pas d'aujourd'hui que ce que je juge utile à tous me fait perdre de vue ce qui est ou non agréable à quelques uns.

La réponse était faite avec la question que je posais tout à l'heure. C'est évidemment comme professeurs surtout qu'ils sont institués et rétribués, et non simplement subventionnés pour des travaux scientifiques auxquels il leur serait loisible et facultatif de se livrer ou non. La désuétude, sinon l'oubli où est tombé certain paragraphe du titre premier du décret du 10 juin 1793, que nous feuilletterons un autre jour, vient à l'appui de cette opinion.

Eh bien! qui ne voit de plein saut, que c'est à la confusion où restent plongées les deux missions, pourtant si spécialisables, du savant et du professeur, que sont dues, en général, l'étisie et la solitude des cours du Muséum? Non, ce n'est pas à la honte de la capitale du monde civilisé que des hommes, plus ou moins élevés et connus dans les régions de la science, n'ont autour d'eux qu'une vingtaine d'auditeurs, parmi lesquels figurent même, comme fraction notable, les amis et les employés du lieu : c'est la faute des enseignants; et la preuve, c'est que, par exception, l'affluence à certains cours correspond bien plus au talent des professeurs qu'à leur valeur, plus ou moins incontestable, comme savants, ou à l'intérêt qui s'attache davantage à tels ou tels des sujets traités.

Pourquoi, par exemple (et pour ne parler que des vivants qui figurent au programme, car Gay-Lussac et Blainville étaient à la fois savants et professeurs) ; pourquoi, dis-je, MM. Frémy, Is. Geoffroy-Saint-Hilaire, Serres, Flourens, Gratiolet, et même Becquerel, ont-ils toujours un auditoire plus ou moins nombreux ? C'est qu'à leurs mérites divers comme savants, mérites que, je le répète, je ne puis comparer à cette heure, on trouve réunies une élocution et une diction : chez l'un, aussi concises qu'animées ; chez l'autre, aussi nettes et variées que faciles ; chez le troisième, aussi solennelles que convaincues ; chez le quatrième, aussi agréables qu'adroites et insinuantes ; chez le cinquième, aussi élégantes et choisies que pures et correctes ; chez le dernier, saisissantes par leur vivacité.

Pourquoi MM. Edwards, Decaisne, Duméril, tiennent-ils, à cet égard, un rang intermédiaire ? C'est qu'en dehors de leur importance scientifique, et même de leur mode d'exposition, qu'encore une fois nous n'examinons pas pour l'instant, ils offrent à un moindre degré ces conditions du professorat que l'on peut appeler extérieures, expressives.

C'est que la voix faible et flûtée de l'un, sa petite parole entrecoupée et comme haletante, son accent semi-britannique sont loin de galvaniser les attentions faciles à la paralysie.

C'est que l'autre, dans sa forme, et sans parler du fond de sa culture, va trop terre à terre.

C'est que le dernier, entremêlant son débit, à la fois vif et diffus, de la lecture de ses notes, lasserait l'aptitude la plus analyste et la plume la plus expéditive.

Pouvais-je mieux faire comprendre ma distinction que par le dernier exemple de cette catégorie mitoyenne, puisqu'il porte sur l'auteur de l'excellente zoologie analytique, sur un homme dont la vie si pleine et la vieillesse encore si verte, ont rendu et peuvent rendre tant de services à la science ?

Pourquoi, enfin, MM. Chevreul, Brongniart, Cordier, Dufrénoy et Valenciennes, peuvent-ils compter (c'est bien le mot) deux ou trois dizaines au plus d'auditeurs en face d'eux ? Encore un coup, ce n'est pas par coïncidence avec leur valeur scientifique, si appréciable à des degrés divers, et que, je le répète une dernière fois, je n'ai pas à échelonner ici.

Non ; c'est que la force et la profondeur de l'un ne compensent pas pour l'oreille, si influente sur le cerveau, sa diction martelée, suspendue, fatigante.

C'est qu'avec sa volubilité et son défaut d'articulation, l'autre défierait, dans le grand amphithéâtre, si elle s'y trouvait, l'acoustique la plus irréprochable et le poignet le plus sténographique.

C'est que le troisième, sans en avoir le pittoresque, est aride et pesant comme une roche ; c'est qu'il parle du chaos, des apparitions originelles et des convulsions de notre globe, comme on deviserait sur les évolutions d'un pot-au-feu.

C'est qu'à peine audible, et sans avoir le brillant d'une cristallisation, son collègue est sec et froid comme un minéral.

C'est, enfin, que le dernier, quel que plein qu'il soit de son sujet, quel que soit un savoir anatomique et classificateur égal à sa modestie, ne fait pas assez perdre de vue, dans sa manière bourgeoise, la vitalité des mollusques et l'animation des zoophytes.

Certes tous s'expriment en excellents termes ; à tous le vocabulaire de la science prodigue plus ou moins ses ressources. Mais, soit manque de transitions, de gradations, d'arrêts méthodiques ; soit défaut d'accentuation, monotonie ou rapidité de parole, — toujours est-il que l'un surcharge l'attention, que l'autre l'essouffle et l'étourdit, que le troisième la berce, que le quatrième l'endort, et que le dernier ne la réveille guère. J'en appelle aux somnolences qui plus d'une fois, l'été surtout, ont irrésistiblement succombé dans plus d'une de leurs leçons. Et M. Duvernoy donc! sa nomination résume toute cette brochure.

Il va sans dire que les trois divisions que je viens d'esquisser ne sont qu'un moyen artificiel de grouper des appréciations générales. La nature, on le sait, n'a pas de catégories tranchées ; elle n'offre que des individus, des rapports, des différences de degré, des analogies transitionnelles, par conséquent. Ces trois sections ont donc et leurs chaînons, et leurs exceptions réciproques et partielles.

Mais ce qu'il y a de sûr, c'est que, dans cet établissement qui est sous tant de rapports, non pas inorganisé, ni désorganisé, mais mal organisé, je dirais, moi gouvernement, moi fort d'une bonne loi sur la matière, à tels ou tels : Travaillez ; apportez, dans le laboratoire ou le cabinet, vos matériaux à l'édifice encyclopédique, nous vous en serons moralement et matériellement reconnaissants. Mais pour exposer et propager la science, laissez vos chaires libres : laissez la parole à d'autres qui, mieux que vous, pourraient répandre ses germes, dérouler ses trésors, la féconder et l'élever, en généralisant, en poétisant ses inspirations sublimes.

On pourrait peut-être demander que pour le haut enseignement, les professeurs fussent tous des savants de premier ordre, et que ces savants de premier ordre fussent aussi de véritables professeurs; des hommes, en un mot, pour lesquels la connaissance des faits ne fût que la source et l'occasion des larges développements de la pensée ; des hommes à l'esprit et au cœur élevés, au caractère indépendant, à la parole éloquente. Mais ne serait-ce pas se montrer bien exigeant?...

Quoi qu'il en soit, je n'ai fait que l'aperçu d'un résumé statistique, mais je le terminerai par une double question :

Tous les professeurs du Muséum sont plus ou moins savants : combien y a-t-il d'hommes supérieurs, d'hommes de génie, de penseurs radicaux, hors ligne, pour comprendre et diriger ce haut enseignement?

Et sur les quinze citoyens qui y professent, combien y a-t-il réellement de professeurs?

En bonne conscience, le Muséum, tel qu'il est à présent, peut-il donner à la France et à l'Europe le dernier mot de la science, et surtout les exemples, les types, les modèles du professorat? C'est, en d'autres termes, demander si tous les hommes du Collége de France sont, dans les sciences physiques, comme on en a vu et comme on en voit dans la littérature, dans les sciences morales et politiques, des Andrieux, des Daunou, des Tissot, des Quinet et des Michelet. Or on ne l'ignore pas : les grands, les bons citoyens qui ont été gouvernementalement bâillonnés par l'influence des jésuites (y compris ceux de l'établissement), sont de pures et glorieuses exceptions.

Ce serait peut-être ici le lieu de revendiquer une meilleure position pour les suppléants, les aides-naturalistes et les préparateurs, dont la collaboration est si utile à la science, et surtout aux professeurs, auxquels ils devraient succéder, par voie de concours, si, à mérite égal, leur talent d'exposition répondait à leur savoir. Nous aurions à demander l'élévation de ces fonctions, au triple point de vue social, scientifique et matériel. Mais cette question soulève bien des détails organiques ; elle mérite donc d'être plus étudiée.

Et quels reproches à faire aux pouvoirs politiques, sur la langueur de propagation de la science ! L'un qui peut faire de bonnes lois, l'autre qui doit les appliquer dans leur esprit comme dans leur texte, et qui se trouve, en second, à la tête d'une nation dont la partie bestiale a toujours été si singe du maître ! A quelle expansion, à quelle diffusion arriveraient les lumières si l'exemple venait d'en haut ! *Nos princes*, comme dit le dictionnaire des antichambres, nos princes, alors qu'ils jouaient au soldat, ont bien répandu chez les traîneurs de sabre des états-majors bourgeois, d'abord, puis chez les jeunes gens, et, chose plus dégoûtante encore, chez des femmes, l'habitude de se narcotiser et de s'abrutir en détail, d'empester nos jardins, nos boulevards, nos passages, jusqu'à nos appartéments, et de se gorger à la flamande avec le cigare, la pipe et la chope. Si donc, de hauts personnages donnaient le ton, en choisissant une autre voie, ne verrait-on pas à flots un certain public se presser dans nos amphithéâtres, et trouver bientôt dans de bon cours autant d'attraits qu'à une séance législative ou à une soirée ministérielle?

Ce que je dis là n'a sans doute rien de bien flatteur pour la science. Cependant, au total, elle y trouverait son compte.

Mais que pouvait-on attendre, en quoi que ce fût, de gouvernements qui n'ont pas eu plus d'idées que d'entrailles, qui ne se sont occupés que de vivre au jour le jour, en luttant aussi bien contre les tendances morales du siècle que contre les besoins du peuple?

HUITIÈME PROMENADE.

De l'unité dans l'enseignement.

Si nous ne consultions que l'étendue de la thèse que nous avons à examiner, nous doublerions le pas. Marchons doucement, au contraire; nous réfléchirons mieux.

Des esprits superficiels réclameraient peut-être, pour les doctrines professées au Muséum, une direction unitaire. Mais ce n'est pas nous qui, rêvant d'ailleurs presque l'impossible, nous scandaliserons d'y voir régner la diversité de la pensée, les divergences de la prédication; d'y entendre, par exemple, les idées émises par MM. Serres, Geoffroy-Saint-Hilaire, repoussées en tout ou en partie par MM. Edwards, Flourens, etc.

Non; et là même on peut trouver un puissant argument
en faveur de la liberté d'expression et de publication, de la
liberté de penser.

Ce n'est, certes, aucun gouvernement, fût-il de la force
de celui de M. Louis Bonaparte, qui, pour ne prendre que
quelques exemples, tranchera en physique sur les hypothèses de l'émission et des vibrations;

Qui se prononcera, en chimie, sur les relations numé-
riques, pour nous moléculairement constitutives des propriétés des corps; sur l'extension que peut prendre, je
crois, à cet égard, la théorie des proportions définies, cette
idée mère qui mène droit à l'unité de la matière, à l'inven-
tion de la cause du mouvement, de la nature des êtres, dans
le volume, la forme, le degré de matérialité des atomes et
leur nombre; cette idée qui conduit à voir dans ces rapports la raison de leurs expansions, de leurs combinaisons, partiellement formatrices ou décomposantes; cette
idée enfin qui tend à ramener tout aux mathématiques.

Ce n'est aucun pouvoir politique qui, en astronomie, éten-
dra le système de Copernic sur les ruines de ceux de Pto-
lémée et de Tycho-Brahé;

Qui, en géologie, décidera entre l'hypothèse de formation aériforme d'Herschel et de Laplace, celle de fusion
ignée de Descartes et de Leibnitz, et celle de liquidité de
Warner et de Linné; entre les opinions et les réclamations
de MM. Cordier, Dufrénoy, Elie de Beaumont, quant au feu
central, aux soulèvements, à l'origine des terrains, aux âges
des montagnes;

Qui, en minéralogie, proclamera la justesse des classifications de Berzelius, d'Haüy, de Brongniart ou de Beudant;

Qui, en botanique, déterminera la nature et les limites
de l'endosmose et de l'exosmose; qui décidera de la trans-
formation des organes, de la phyllotaxie; qui prononcera
entre MM. Mirbel et Gaudichaud;

Qui, enfin, en zoologie, décrétera la vérité entre Cuvier et
Geoffroy-Saint-Hilaire, la préexistence des germes ou l'épigé-

nèse, la fixité ou la mutabilité des espèces; sur les systèmes de l'unité de composition, des analogues, des balancements et des substitutions organiques; qui dira si, dans un
tourbillonnement incessant, la correspondance du transitoire
embryonnaire à la permanence adulte, chez les espèces
qui ont surgi, se sont éteintes ou modifiées à travers les
milliers d'années des dernières évolutions géologiques, n'est
pas un des éléments, une des formes de cette variabilité
à laquelle les quelques instants qui composent l'histoire de
notre monde donnent seuls l'apparence de la stabilité,
pour la période actuelle.

Et pour en finir par deux autres vues hypothétiques sur
des questions non moins vastes, ce n'est aucun pouvoir politique qui décidera si, les deux règnes organisés et vivants
étant sortis du monde inorganique; si, avec des combinaisons plus complexes, et composés qu'ils sont des mêmes éléments, ils y rentrent constamment en grand pour en res-
sortir en détail, — ces deux règnes ne doivent pas présenter
seulement au bas des deux échelles les productions dites
spontanées; s'ils ne revêtent qu'en montant les caractères de
reproduction par sexualités, depuis les infusoires siliceux
jusqu'aux végétaux et aux animaux hermaphrodites, mo-
noïques ou dioïques, jusqu'au mode de génération didelphe
et mammologique.

Ce n'est aucun gouvernement qui décidera ce qu'il y a de
distant entre la pierre qui tombe, entre la création d'un li-
quide par l'affinité de deux gaz, ou d'un solide par la combinaison de deux fluides, avec intervention des agents élec-
triques, magnétiques, calorifiques, lumineux, — et l'espèce
de chimie qui peut produire la moisissure, ce premier rudi-
ment de l'organisation végétale; entre la reproduction d'une
plante entière par un fragment, — et la bouture par vivisec-
tion du polype ou de la salamandre, — et celle enfin par
les diverses données d'appareils spécialement génésiques.
Ce n'est aucun gouvernement qui montrera si au point de
vue de l'absolu, comme du relatif, tous ces phénomènes

sont plus étonnants les uns que les autres, et si l'ignorance
seule ne fait pas des mots : extraordinaire, compliqué, les
synonymes de surprenant, puisqu'aux yeux de la science
tout est également admirable, ou rien ne l'est.

Non; et sans multiplier davantage ces exemples de vérités
ou de doutes pris au hasard en dehors de moi comme en
moi, j'en ai assez dit pour montrer que ce sont les siècles
seuls, c'est-à-dire, l'expérimentation et la science amonce-
lées des générations qui donneront à toutes les questions
pendantes les solutions et le lien possibles. Jusque-là, pour
tirer ces inconnues, il faut que du choc des opinions jaillisse
la lumière.

Ce que nous avons donc le droit de demander comme
hommes de progrès, comme citoyens, comme contribuables,
c'est que toutes les opinions soient représentées, c'est la
bonne organisation, la force et la rapidité de l'enseignement.

Or la première de ces conditions nous conduit naturellement à une question qu'après nous être un instant
reposé, nous aborderons à la prochaine promenade : je veux
parler de la controverse; et quant aux autres, nous envisa-
gerons aussi plus loin, sous différents rapports, l'enseignement du Muséum.

Constatons seulement dès à présent, d'une manière générale, que l'exposition, qui y est un peu trop forte pour les
gens du monde, est trop faible pour ceux qui voudraient y
trouver plus d'élévation et de méthode vraiment philosophique; qu'elle y est souvent trop foncée pour un enseignement élémentaire, et trop pâle pour un haut enseignement; qu'elle n'est ni coordonnée ni limitée dans
ce dernier but. Constatons qu'elle manque, toujours en
général, et sauf quelques heureuses exceptions, de vie, de
nerf, d'ampleur et de portée. Oui, chez la plupart des
prédicants, une science, — la leur, — tue la vraie science,
la science de la nature, la science des sciences; l'analyse
les absorbe et les étouffe. Ils perdent de vue qu'elle

n'est qu'un moyen de synthèse, et que la philosophie ne divise, dans l'étude, que pour réunir par l'idée. C'était là, par parenthèse, le but d'un *Tableau synoptique de l'importance de la méthode synoptique dans l'étude des sciences*, que je commençai lorsque, menacé d'une grande iniquité, j'étais au secret dans l'un des caveaux du palais de Louis IX. J'y montrais idéologiquement que sans les moyens de généraliser après l'analyse, l'esprit erre entre une profondeur exacte sans étendue, et le vague d'une étendue sans profondeur, sans solidité. Oui, nous constatons, à regret, qu'au Muséum les professeurs sont, en général, des savants trop spéciaux pour être philosophes dans la largeur du terme, trop occupés au dehors pour bien s'appartenir, et, d'ailleurs, trop officiels pour dire toute leur pensée, souvent même pour ne pas dire autre chose que leur pensée! Avec cela, il est vrai, on est bien en cour, quand il y en a une; on n'est pas mal à Rome; car cela donne une contenance, un vernis de religiosité. Mais avec cela on laisse l'esprit humain dans ses langes et le haut enseignement au berceau. C'étaient aussi, non sans doute, par défaut de radicalisme, mais par timidité, les faiblesses que je signalais à Étienne Arago, dans le cours d'astronomie que son frère faisait avec tant de talent à l'Observatoire.

Par quel aveuglement, en effet, ou par quels calculs certains professeurs, — en même temps qu'ils précisent avec tant de soin et de raison, au nom de la logique, la limite où cesse l'autorité de la science, c'est-à-dire le positif des faits scientifiés, et celle où commence le règne, ou plutôt l'usurpation de l'hypothèse, — prennent-ils avec tant d'aplomb l'affirmative, pour parler cause première, création, pour aborder tant d'autres thèses sur lesquelles, ainsi que nous le prouverons ailleurs, ils n'auront jamais dans le cerveau quelque chose qui mérite le nom d'idées? Croient-ils donc compenser par des mots la pénurie des choses? Pourquoi faire excursion hors du domaine de la science, qui est ce que l'homme sait, pour se lancer dans les nuages de la métaphysique, qui est ce qu'il ne sait pas, et surtout d'une métaphysique en désaccord avec les déductions synthétiques de ce qui est su, et inconciliable avec la rigueur du raisonnement? Pourquoi caresser ces préjugés gouvernementaux et catholiques, pour ne pas dire plus, qui, étroitement liés, agonisent dans notre vieux monde? Pourquoi flotter sur des opinions chancelantes qui ne demanderaient qu'un fanal, au lieu de les guider avec vigueur et franchise?

En attendant l'établissement de deux chaires de philosophie naturelle, et les eussiez-vous même, respectez les dogmes, comme des témoignages séculaires du sentiment de l'inconnu substitué à la science, de la presque unanime débilité de notre pauvre espèce humaine qui, dans ses illusions, croit entrevoir l'absolu, quand elle n'apporte jamais sur toutes ces questions que les totalisations, les abstractions, les généralisations de son relatif! Oui, restez en dehors du nébuleux et de l'obscurité des systèmes dogmatistes, sans les commenter, si le cœur ou l'idée vous manque; mais ne torturez pas des sciences devenues adultes, pour les faire entrer dans le lit trop étroit des légendes génésiaques, des philosophies cléricales et des morales théologiques!

Vous vous tromperiez, si vous pensiez que les lois compressives de la pensée puissent s'étendre jusqu'aux thèses élevées et froides de la science et de la philosophie. Non, elles n'atteignent, avec raison, que l'outrage et la dérision, toujours blâmables à l'égard des croyances sincères. Et si, libres devant le droit commun, vous vous trouvez par état sous le boisseau du Conseil universitaire, vous pouvez certes aller loin encore sans rencontrer le genre de réfutation dont il a usé contre le docteur Guépin, et contre *la Liberté de penser*, dans la personne de M. Jacques.

Les hypothèses sur la cause ou les causes premières ne sont-elles pas, dites-moi, ce qu'il y a de plus fait pour éloigner l'esprit de la recherche et de l'explication des phénomènes par les causes secondes, ou mieux, par les causes universelles accessibles? Expliquer, c'est dérouler, — le radical du mot le dit, — c'est montrer une série de faits dans leur enchaînement, dans leur ordre d'antécédence et de conséquence, dans leurs rapports de causes à effets. On peut, certes, à propos de tout, tout motiver par une cause première insaisissable à l'esprit même : mais est-ce rien expliquer spécialement? Si l'on voit dans les forces de la nature autre chose que des causes, et si l'on admet, sans les concevoir, des causes qui ne soient pas des faits, qui ne soient pas des êtres, ne faut-il pas dire adieu à la science? Si, par exemple, voyant dans le mot *âme* autre chose qu'une abstraction pour exprimer le *consensus*, si subtil dans leurs éléments et leurs organes, de nos fonctions sensoriales, de nos mouvements affectifs et de nos facultés pensantes, on croyait expliquer par ces trois lettres la vie, les instincts et la raison, ne serait-on pas bien plus disposé à la paresse et à la répugnance pour l'étude de tous les systèmes nerveux de l'échelle zoologique, depuis les appareils purement splanchniques, jusqu'à la complication rachidienne, jusqu'à la perfection encéphalique, et dans lesquels on voit constamment les phénomènes vitaux, instinctifs et intellectuels, les fonctions et les facultés, correspondre aux dispositions et aux combinaisons organiques? La physiologie ne découle-t-elle pas de l'anatomie, ou du moins, si on n'anatomise pas tout, l'action ne dérive-t-elle pas toujours de la nature de ce qui agit? N'est-ce pas par pure abstraction qu'on peut séparer le mouvement de la matière, puisqu'il n'est que l'action des choses, comme l'étendue n'en est que la place, comme le temps n'en est que la durée? L'hypothèse de l'immatérialité, pour employer ce mot, sans nous demander s'il a un sens, ne nuit-elle pas nécessairement à l'étude de la matière? N'empêche-t-elle pas qu'on la conçoive dans tous ses degrés et ses modes, depuis la matérialité la plus grossière jusqu'à celle de cet inséparable faisceau des impondérables, véritable *mens agitans molem*, de ces agents qui semblent d'autant plus généraux, d'autant plus universels et plus puissants qu'ils ont une atténuation plus grande, et pour nous moins sensible? Et cela ne peut-on pas le constater, sans être conduit, comme les homœopathes, à voir le summum d'activité des corps au point où ils cesseraient d'être même des atomes? Notre intellect, qui ne peut se faire une idée réelle de l'être en général, de la substance en elle-même, puisqu'il ne connaît que leurs manifestations de détails en rapport avec lui, peut-il mieux comprendre le néant? Peut-il concevoir quelque chose dont le propre soit de ne rien être, et qui, précisément à ce titre, ait des rapports avec ce qui est, action sur ce qui est?

Si, dans un ordre de méditations plus vaste encore, et aussi élevé que possible pour lui, l'homme se perd constamment dans les conceptions d'une personnification créatrice et gouvernante, en dehors de la nature, — qu'il ne peut, je le répète, ni comprendre dans son essence, ni embrasser dans son ensemble, — le mot qui abstrait cette admission d'un principe générateur universel, hypothèse dont l'illustre auteur du *Système du monde* et de la *Mécanique céleste* déclare n'avoir pas besoin, n'éloignera-t-il pas également son esprit de la recherche et de l'examen non seulement des forces cosmogoniques, mais même des faits géogéniques? Appliquer à toutes choses le même *pourquoi* ignoré, la même cause occulte, le même mot, n'est-ce pas se dispenser d'étudier le *comment* de chaque chose? N'est-ce pas là, comme le dirait brutalement Montaigne, un oreiller bien doux pour reposer une tête mal faite? Toute croyance irréfléchie, toute rêverie sur l'absolu de ce Pourquoi universel inaccessible à l'homme, ne le paralysent-elles pas, à son insu, dans les investigations du Comment, ne l'alanguissent-elles pas dans l'explication des causes plus ou moins immédiates, réelles et compréhensibles? Et pourtant l'étude de ces causes est le vrai domaine de la science, pour tous les faits biologiques, — soit qu'on restreigne ce mot de vie, soit qu'on l'étende à tous les modes du mouvement, à toute la matière partout agissante.

Certes l'athéisme n'est pas dans notre nature, il n'est pas la résultante de l'humanité. Il faut le reconnaître, au contraire, l'homme se prononce de sentiment et conclut d'après ses idées purement relatives. En voyant que dans toutes les formations qui s'opèrent sous ses yeux, dans tout ce métamorphisme qui ne crée rien, — en ce sens qu'il ne fait pas de rien quelque chose, — aucun fait, aucun être, aucun corps, ne procède jamais que d'un autre qui le précède, l'homme cherche et veut au grand tout une cause préexistante. Il la veut, sans s'inquiéter s'il connaît d'abord, s'il conçoit ce tout, cet absolu, et s'il peut lui appliquer ses simples idées de relation; si l'argument que lui suggère ce relatif de son esprit ne recule pas la difficulté sans la dénouer; si une cause génératrice universelle, extérieure à cette nature qu'il ne sait pas, ne devra pas aussi, par les mêmes raisons, dériver d'une autre cause; s'il n'est pas impossible de la concevoir en tant qu'être organisé, et plus encore, en tant qu'inorganique; enfin, si n'ayant ni l'idée du néant, ni celle de l'être abstrait, l'intelligence peut expliquer la création par un agent qui, n'étant rien, de rien ferait quelque chose, etc.

Certes la morale aussi se lie à cette éblouissante, à cette immense inconnue; car l'homme sent que si l'amour du bien, pour son espèce et pour lui, est dans sa petite nature, il s'y trouve en raison des lois de la grande nature. Mais il n'en est pas moins vrai que plus on limite cette morale à son caractère purement relatif, que plus on la positive humainement, plus on la rend forte, en la fondant sur les véritables bases que j'indiquais dans ma première promenade. Lequel est plus moral, de l'inquisiteur qui torture son semblable au nom du Dieu qu'il s'est fait, ou du médecin qui s'expose à l'infection pour guérir un de ses frères malades, qui le fait même souffrir en l'opérant, pour le sauver?

Oui, toutes ces idées, je les appliquerais aussi bien à l'éducation, à la politique, à la législation préventive et répressive, qu'aux sciences naturelles.

Je n'ai donc voulu, en constatant le déisme, que caractériser cette tendance de l'humanité qui, suivant la marche des siècles, a dans son ignorance, puis dans son orgueil, puis dans ses dernières aspirations, personnifié de moins en moins grossièrement la cause première qu'elle imaginait, en la modulant depuis le fétichisme lapidaire, légumineux, crocodilien et solaire, jusqu'à l'image de l'homme!

Après les dogmes sur un principe créateur, je laisse aussi de côté les cultes de la créature, ses prétentions de voir un mal absolu dans ce qui n'est nuisible que pour elle, et d'entrer en rapport avec la cause formatrice universelle, pour que celle-ci change ou modifie, en sa faveur, les éternelles nécessités des faits qu'elle aurait préétablis, et dont les énoncés constituent les lois universelles; nécessités dont les sensualistes, faisant abnégation de leur causalité morale, font un abrutissant fatalisme.

Mais pour que tous les éléments ne viennent pas se heurter contre une seule espèce immobile, éternelle sous sa forme; pour que toute la matière ne finisse pas par s'absorber dans cette espèce ; pour que le mouvement appartienne à toute la nature, je constate seulement la nécessité de ce qui est. Je constate qu'il est nécessaire, pour chaque espèce comme pour chaque individu, qu'à une somme de mouvements formateurs et d'accroissement, corresponde une autre somme de phénomènes désorganisateurs et destructeurs. Je constate ces nécessités qui veulent que tout anéantissement spécifique ou individuel devienne la source de mille créations nouvelles. Je constate que ces alternatives et ces balancements métamorphiques, ces formes toujours changeantes sur un fonds pour nous impérissable, c'est là tout l'univers. Et je répète que le champ de l'éducation, de la morale, comme celui de la médecine, est celui qui reste restrictivement à notre causalité, pour lutter temporairement contre ces lois générales.

Je laisse également de côté les hypothèses de survie, d'immortalité même, à la fois partielle et personnelle d'une seule espèce, les théodicées, les systèmes rémunérateurs basés sur l'intérêt personnel, sur le bonheur reculé dans une vie imaginaire, etc. Il est des choses où l'analyse scientifique et la raison n'ont rien à voir.

J'ajouterai seulement que toutes ces choses sont utiles, et partant respectables dans les premières phases morales et scientifiques des peuples, pour parler à l'imagination et au sentiment là où on ne peut parler encore au nom de principes positivés; pour agir par ces moyens, sur cette volonté que nous sentons en nous quand nous l'avons, et dont, vrais ou faux, moraux ou pervers, nous n'apercevons presque jamais les causes, les mobiles, indépendants d'elle.

Mais de tout ceci ne résulte-t-il pas que l'éducation, qui n'est, en définitive, que l'art de donner des idées; que la morale, qui est celui de former les sentiments, sont d'autant plus justes et plus fortes que ces idées et ces sentiments sont plus positifs?

C'est, en d'autres termes, demander si en médecine, dans cet art où une si large part doit être faite aux influences modificatrices des agents connus, la science ne doit pas dominer les prières et les amulettes?

Et ce système des causes finales qui vous est si commode et si familier, messieurs du Muséum; cette hypothèse permanente si aventurée, cette abstraction métaphorique d'une intention analogue aux nôtres, substituée aux éventualités nécessaires qui résultent de la nature des choses; ce système n'est-il pas aussi de force à gêner l'étude pour remonter des résultats aux faits précurseurs, puisque ces résultats, acceptés d'emblée comme intentionnels, nous portent à négliger les causes de détail qui les produisent?

Ce n'est pas ici l'heure des développements. Aussi dans tout cela n'ai-je voulu rien affirmer: d'autant plus que, si nous n'avons plus une Sorbonne qui brûle les philosophes, nous avons encore certaines lois monarchiques, plus une.

magistrature en qui, le 21 février dernier, un tiers des Représentants de la nation déclarait n'avoir nulle confiance, et qui pourrait encore, si leur suspicion se trouvait aussi fondée que M. Dupin la déclare fausse, réfuter les penseurs, ou plutôt leur répondre par la prison et l'amende.

La sagesse ne dit-elle pas : Dans le doute, abstiens-toi ; ne mets pas à la loterie, si tu crains d'avoir deux chances contre une ? J'ai donc modestement pris la forme interrogative pour rappeler certaines thèses controversables ; pour dire aux hommes du haut enseignement : Ou restez dans les faits, dans ce qui est acquis à la science ; ou si vous vous livrez aux spéculations métaphysiques, élevez loyalement deux tribunes, deux chaires de philosophie naturelle.

Si, comme vous en avez sans doute la conviction, vous êtes dans le vrai, la vérité éclatera par la discussion. Mais si vous ne preniez pas ce moyen ; si vous vouliez toujours prêcher seuls et mettre un étouffoir sur les opinions adverses, alors vous avoueriez implicitement que vous êtes dans le faux, et qu'il est encore bon et possible de conduire dans la route du bien l'espèce humaine, je ne dirai pas par le mensonge, mais par l'inexactitude. Que deviendrait donc l'axiome du grand Bacon : « Il n'y a pas de mal qui ne soit erreur » ?

Non, pas d'éclectisme. Choisissez :

L'obscurantisme, l'inquisition, ou du moins, chez nous, le jésuitisme en soutane, en habit, en toge, et même en uniforme.

Ou bien le libre examen, et la lumière qui doit en sortir.

Ou du moins, une circonspection qui vous fasse rester dans la science.

Je ne terminerai pas cette digression philosophique sans constater un fait qui a sa signification : c'est qu'au Muséum, comme dans presque tout le monde savant et enseignant, les mathématiciens, les physiciens et les chimistes sont généralement plus positifs, moins romantiques que les zoologistes et les physiologistes.

Est-ce parce qu'ils sont habitués à voir la matérialité et

le mouvement dans toutes leurs manifestations, leurs métamorphoses, dans toutes leurs révélations et leurs apparences, depuis celle du métal et du caillou, jusqu'à ces fluides à peine perceptibles aux sens, et saisissables seulement dans leurs condensations et par leurs résultats?

Est-ce parce qu'ils sont tout préparés à voir les rapports du monde moléculaire et des actions atomiques avec la structure et les propriétés des masses; parce qu'ils sont disposés à ne voir, comme je le disais ailleurs, que des noms de baptême de la matière et du mouvement dans les évolutions vitales des végétaux et des animaux?

Est-ce parce qu'ils sont plus portés à se rendre raison de la nature par elle-même, par des causes naturelles, sinon connues dans leur essence, du moins appréciables en tant qu'elles sont plus ou moins sensibles et calculables?

Toujours est-il qu'ils se montrent moins enclins à créer des entités factices, à faire de l'ontologie extra-universelle, à se payer des métaphores du système des causes finales.

Résumons-nous par quelques constatations et par quelques dernières questions.

La nature, la matière et ses propriétés peuvent ou pourraient rendre compte de tout à qui sait ou saurait les interroger.

De tout, excepté de la nature, de la matière et de ses propriétés.

La première sphère est celle du relatif.

La seconde est celle de l'absolu.

L'une est celle des rapports, du connu, même de l'indéfini.

L'autre, celle de l'absence de tous rapports, de l'inconnu, de l'infini.

La première n'est-elle pas celle des idées raisonnables, des idées qu'on peut appeler de ce nom, parce qu'elles représentent quelque chose?

Quant à la seconde, quelles idées embrasse-t-elle, et comment leur donner le nom d'idées?

Ne faut-il pas conserver le mot de philosophie pour les premières, et celui de mysticisme pour les secondes ?

Y a-t-il quelque chose de plus solide pour baser des idées, c'est-à-dire des représentations mentales de ce qui est, que les faits, que la science ?

Ce qui résulte pour l'homme de l'exercice de ses facultés les plus hautes, de son raisonnement, doit-il plus approcher de la vérité, que ce qui ne jaillit que du sentiment ?

La science, c'est-à-dire ce qui est su de tous, ce sur quoi tout le monde tombe d'accord, n'est-elle pas, dans l'acception étymologique, plus religieuse, plus capable de relier les hommes, que ce qu'ils ne savent pas, que ce sur quoi l'hypothèse, livrée aux seules imaginations, laisse le champ libre à toutes les contradictions, à toutes les dissidences ? Ne faut-il pas une plus grande hauteur, une plus vaste étendue d'intelligence scientifique pour sublimer, subtiliser, quintessencier, spiritualiser la matière jusqu'à matérialiser, par exemple, la pensée, que pour voir dans les forces cosmogoniques et animiques des causes dont le caractère, encore une fois, serait de ne rien être ?

Maintenant nous sommes suffisamment en mesure d'entamer la question qui doit nous occuper dans notre prochaine excursion.

NEUVIÈME PROMENADE.

De la controverse.

Je me bornerai presque, sur ce sujet, à reproduire à peu près en propres termes ce que j'écrivais, le 19 août dernier, à M. Flourens, pour lui montrer dans l'institution de la controverse l'une des conditions incontestables du développement scientifique ; pour prouver qu'elle est logiquement la conséquence forcée de la liberté dont doit jouir, dans toute sa plénitude, le haut enseignement.

« Oui, lui disais-je, l'enseignement oral est, en France, un
» puissant élément de progrès ; car après le spectacle de
» l'univers, excitant naturel de nos facultés les plus élevées,
» il n'est peut-être pas, pour le penseur, de stimulant plus
» vif que la réflexion matérialisée par la parole et sortant
» de la bouche de son semblable. Mais ce premier pas en
» appelle, à mon avis, un second ; et ce complément ce
» serait, non les explications données après une séance,
» aux quelques personnes qui les réclament de la complai-
» sance du professeur ou de son aide, mais bien une véri-
» table controverse à jours déterminés, pour ne pas déranger
» le fil et le plan des cours ; à des jours fixés en dehors des
» leçons, pour n'en pas interrompre l'enchaînement. Sous
» l'impression toute fraîche des idées contrastantes, l'audi-
» toire alors pourrait rapidement comparer et juger, se par-
» tager et choisir. Alors surgiraient de tous côtés, non de
» faibles intelligences comme la mienne, qui n'a qu'une
» plume plus débile encore à son service, mais des hommes
» profonds, à la parole exercée, à la voix puissante. A cette
» condition seule domineraient, avec réalité, avec fruit, les
» doctrines du professeur, si elles traduisaient la vérité,
» cette vérité n'eût-elle que l'avantage d'être harmonique
» aux vibrations de l'époque. Je n'ai pas besoin d'exprimer
» le résultat opposé : il dérive de la nature et de la force
» des choses. »

A l'appui de cette idée, je soumettais, sous forme de simples questions, à M. Flourens, une série d'objections plus ou moins fondées sur ses premières leçons. Mais ces questions se caseront sans doute ailleurs ; je ne veux ici que compléter ma pensée sur l'institution de la controverse, en rappelant encore ce que j'écrivais, quelques jours après, au même professeur. Ce passage donnera une idée des raisons que lui avait fournies ma première lettre, à laquelle il avait, en partie, répondu verbalement, dans sa séance de la veille.

« Je dois, lui disais-je, comme à plusieurs de vos col-
» lègues, vous adresser mes remercîments pour m'avoir
» donné un argument de plus en faveur de la controverse
» orale, comparée au peu de facilités et de moyens qu'ont
» presque tous les auditeurs, pour confier à la presse des
» idées alors bien plus longues à soutenir et à réfuter
» qu'elles ne le furent à jaillir. Peut-on comparer, en effet,
» aux obstacles et aux lenteurs qu'on rencontre en pareil
» cas, dans le cercle officiel du monde savant, l'avantage
» de faire incessamment appel au sens public, par la sou-
» daineté de la pensée, par le magnétisme de la parole? Per-
» mettez-moi donc, monsieur, d'opposer quelques raisons aux
» inconvénients que, suivant vous, aurait la controverse :
» à celui, par exemple, d'affaiblir la bienveillance et les
» sympathies dans les rapports réciproques de l'auditoire
» et du savant qui l'instruit, de diminuer l'autorité du pro-
» fesseur. Non, je ne puis croire qu'entre hommes qui se
» livrent à la science et qui savent vivre, la passion et la
» personnalité puissent trouver accès. Mais cela fût-il, ce
» serait encore, et à tous les points de vue possibles,
» au profit de la vérité. En politique, où sous chaque abus
» on trouve des hommes, où toutes les idées fausses et les
» mauvais sentiments ont leurs personnifications, où l'on a
» des ennemis pour contradicteurs, et des ennemis qui, —
» j'en sais quelque chose, — se déguisent parfois en juges,
» la vérité se fait-elle moins jour? Et quant à l'inconvénient
» d'ôter au professeur l'abandon qui lui est nécessaire,
» d'empêcher qu'il ne se hasarde, quel mal verriez-vous à ce
» que, si quelquefois il avait cédé à l'entraînement de l'idée,
» que rien ne comprime chez l'homme consciencieux, il fût
» reconnu plus tard qu'il s'était écarté des faits avérés, pour
» s'enfoncer dans l'indéterminé de suppositions trop élas-
» tiques, et qu'une part fût faite à la démonstration comme
» à l'hypothèse? Quel inconvénient verriez-vous, en un mot,
» à joindre à l'avantage de l'inspiration celui des correctifs?
» N'est-ce pas en oscillant des élans purement spéculatifs

» à la vérification, qu'on s'arrête au vrai, comme point fixe?
» Quant à l'aplomb que pourraient perdre les professeurs,
» cela n'arriverait, je pense, qu'aux hommes non con-
» vaincus, et je n'y verrais pas non plus grand mal. Pour
» moi, malgré ma nullité, je vous avoue que je ne bron-
» cherais pas pour soutenir devant tous les docteurs en
» Sorbonne, quant aux faits prouvés, que 2 et 2 font 4, et,
» dans le champ des faits probables, ce que m'inspireraient
» mon intelligence et mes convictions. »

Encore une réflexion à deux tranchants. Écoutez certains
professeurs, ils vous diront avec M. Flourens : « Tout cela
» peut-être fort juste, mais qu'y faire? La controverse
» n'est pas instituée. Pour nous, nous l'accepterions avec
» plaisir. »

Eh bien ! si elle n'est pas instituée, pourquoi entretien-
nent-ils souvent l'auditoire d'objections qu'on leur a sou-
mises par voie épistolaire?

Et si la controverse leur va, par quelle fatalité ont-ils
assez peu de mémoire ou de temps pour ne pas analyser
exactement les lettres qu'on leur a adressées, et pour n'y
répondre que partiellement? L'analyse tronquée d'un billet
et une réponse conséquente à des fragments, ce n'est là ni
la parole unique du professeur tombant en silence autour
de lui, ni le loyal tournois d'une controverse verbale.

Enfin, puisque la controverse existe par le fait, mais de
loin, entre les professeurs, pourquoi n'existerait-elle pas de
droit et de près, bien plus franche, plus vive et plus féconde,
entre le professeur et l'auditoire?

Elle constaterait bien vite, je le répète, la supériorité des
mérites; et quant aux illustrations usurpées, elle les rédui-
rait aussi bien vite à leur plus simple expression. Elle
développerait les faibles et arrêterait la rouille chez les
forts. Elle empêcherait académiciens et professeurs d'im-
mobiliser dans leurs chaires, sur leurs fauteuils, et dans
le cercle bibliographique de leurs titres à la réputation, la
science, dont la nature est progressive comme celle de

l'esprit humain qu'elle doit refléter. Elle s'opposerait enfin à ce que la carrière restât fermée à tant de jeunes et vaillants essors.

Je ne terminerai pas, à cet égard, sans faire sentir à tous les hommes de progrès l'importance d'une fondation qui viendrait à son tour compléter l'institution de la controverse ; j'entends celle d'un JOURNAL DES COURS, ou mieux, sous un titre beaucoup plus vaste, et comme l'avaient entrepris plusieurs de nos amis, à la tête desquels était le citoyen Fontan, d'un journal qui embrasserait tous les éléments, toutes les conditions de l'*Education-républicaine.*

Quant à moi, mes efforts et mon concours seraient acquis à toute nouvelle tentative de ce genre.

Il serait même à désirer qu'il y eût un organe pour représenter chacune des deux écoles qui se partagent le monde : celle du présent et celle du passé, celle de la résistance et celle du mouvement, celle du progrès et celle du *statu quo.*

Mais s'il n'y en avait qu'un, il devrait accueillir et mettre en regard les polémiques de ces deux écoles, qui, si elles se sentaient aussi fortes l'une que l'autre, auraient un égal intérêt à le soutenir.

Dans le premier cas, il y aurait deux tribunes ; dans l'autre, il y aurait une arène.

Quoi qu'il en fût, c'est alors seulement que marcheraient et la science et les professeurs ! ...

DIXIÈME PROMENADE.

Durée des cours.

C'est ici qu'il y aura à suer sang et eau. Si la course n'est pas longue, elle sera rude. Raison de plus pour se mettre résolûment en route.

N'est-il pas déplorable de voir la plupart de ces cours scindés, décousus en deux, trois, quatre années et même plus ? Quel est, à Paris, l'étudiant, l'amateur sérieux de la science qui peuve, de la sorte, suivre véritablement, combiner, compléter et concentrer ses idées sur tel ou tel ordre de faits ? Une année, c'est largement la période convenable pour embrasser une science dans les généralités, sauf à revenir ensuite sur ses détails spéciaux. Au delà, plus d'éveil pour l'esprit, plus d'unité, plus de suite, plus d'ensemble.

Au Muséum, chaque cours ne se compose à peu près, par an, que d'une quarantaine de leçons. C'est le *minimum* de ce que prescrivait le règlement organique de la Convention. Heureux encore l'auditeur, lorsque, — comme, par exemple, M. Flourens, il y a deux ans, — un professeur ne passe pas le tiers d'une leçon déjà retardée d'un sixième, à raconter ses appréhensions de se voir compris parmi les jurés probes et libres de la session ; le tiers d'une autre séance pour annoncer qu'il n'a pu se soustraire à cette corvée, si fréquente pour les hommes bien pensants, et ne prend pas alors occasion, non de s'interrompre pendant une quinzaine, mais de clore au tiers, le tiers annuel de son cours intégral ! Ou bien, comme M. Serres, ne plie pas bagage pour aller fonctionner dans une commission ministérielle. Ou, comme M. Brongniart, n'improvise pas, par une affiche devant laquelle on vient se casser le nez, un repos motivé sur le lundi de Pâques ! Cette année encore nous avons eu le regret de voir M. Serres supprimer d'abord ses leçons du jeudi, pour s'harmoniser, a-t-il dit, avec M. Geoffroy-Saint-Hilaire, comme si les connexions de leur enseignement nécessitaient une concordance isochrone ; puis cesser, avant la fin, la fraction de cours qu'il avait commencée. Heureusement nous avons trouvé une compensation dans les répétitions qu'il a instituées, les mêmes jours, au milieu des heureuses innovations de son musée anthropologique ; car la discussion, sinon la controverse, peut se glisser dans ces répétitions, faites d'ailleurs par un homme qui réunit à un profond savoir anatomique et à une rare habileté un remarquable talent de dessinateur. C'est nommer M. Jacquart.

Dernièrement encore, une indisposition prolongée de M. Valenciennes n'a-t-elle pas trop longtemps fait échouer ses auditeurs devant une porte fermée, qu'un suppléant capable eût fait rester ouverte?

Oui, nous avons calculé que dans tels de ces cours, en raison du nombre des leçons, de celui des assistants et des émoluments du professeur, chacune de ces leçons, pour chacun de ces auditeurs, revenait à peu près à quatre cents francs aux contribuables! Déduisez maintenant de l'auditoire un certain nombre de rentiers de la rue Copeau et de voisines de la rue Gracieuse, qu'attirent le poêle dans l'hiver, et en toutes saisons le désœuvrement; puis voyez ce qu'il reste pour la science, et ce qu'elle coûte!

Et qu'on ne vienne pas dire qu'il serait impossible de faire les cours en une année. Je répondrais qu'on triplerait facilement, et au delà, la trop lente et trop infructueuse besogne actuelle, si chaque professeur, à part l'utile diversion de vacances raisonnables, y consacrait seulement une heure, ou une heure et demie tous les deux jours. 44 semaines à 3 leçons par semaine, ne serait-ce pas 132; 12 leçons en plus du triple des leçons actuelles? Est-ce trop de fatigue? A cette question je ne répondrai pas, et sans vouloir établir la moindre comparaison entre les travaux et les rétributions, sans vouloir payer la science à l'heure et le talent à la toise, je demanderai la réponse au prolétaire qui donne, lui, tous les jours de l'année, pour 3 francs, à la société, 12 heures et plus, de temps et de peine; à qui l'on rogne, comme de raison, un tiers de son salaire, s'il manque 4 heures à l'atelier, cette retenue dût-elle entraîner pour un de ses enfants la privation du pain de la journée!

Ces réflexions me venaient un jour, en entendant, l'année dernière, un des savants les plus laborieux du

Muséum, M. Serres, nous dire naïvement comment il travaillait, souvent la nuit après ses leçons, nous peindre la réaction qu'opérait sur lui son auditoire : « Mais, aurais-je été tenté de lui dire, si je n'avais pas dû seulement l'écouter, ce que vous constatez là n'est que la stimulation de votre pensée, que la cause occasionnelle de sa production, puis de son expansion par la parole. » Quelle meilleure preuve que cet aveu des résultats auxquels les professeurs pourraient atteindre, s'ils n'avaient pas, avec des emplois multipliés, tant de diversions officielles ou mondaines! s'ils avaient plus de temps pour expérimenter et pour écrire, pour s'enfoncer d'une manière plus continue et avec plus de profondeur dans l'ordre des idées ou seulement dans l'ordre des faits qu'ils cultivent; si, en un mot, ils travaillaient davantage et pour mieux professer et à mieux professer ! En est-il un seul que nous n'ayons entendu se plaindre, à la fin des leçons, de la rapidité des aiguilles de l'horloge, de la brièveté de l'heure expirante, de la nécessité de glisser sur une foule de choses? Par cela seul, c'est donc une question jugée. Mais n'anticipons pas sur une autre question contingente. Nous l'aborderons dans une promenade prochaine.

C'est toutefois le moment de rappeler l'esprit du décret et des règlements Conventionnels, qui faisaient d'abord, aux professeurs, un devoir « de rendre, en séance » publique, et deux fois par an, compte de leurs *travaux*, et » d'*activer* les correspondances de l'établissement avec tous » les centres scientifiques de la France et de l'étranger. »

« Les professeurs, « disait notammentencore (art. 1ᵉʳ du chap. 2) le règlement du comité d'instruction publique de la Convention, « les professeurs feront en sorte que les étu» diants suivent, *sans interruption*, et dans un temps déter» miné, *le plus grand nombre de cours possible.*

» Art. 14. Les professeurs seront tenus de remplir leurs » fonctions *avec exactitude*, dans le temps déterminé par le » programme.

» Art. 15. Si une maladie, une fonction publique, etc.,

» empêchait quelque professeur de faire ses leçons, il de-
» vrait être provisoirement remplacé par un autre professeur,
» ou suppléé par tout autre savant que choisirait l'Assem-
» blée. »

Eh bien ! l'esprit et la lettre de ces articles sont-ils res-
pectés ?

Et cependant, dit l'art. 7 , « un professeur sera censé avoir
» abdiqué sa place, lorsqu'il refusera ou négligera de remplir
» ses devoirs. »

ONZIÈME PROMENADE.

Direction.

Pour avoir tous les résultats que je rêve, il faudrait,
je ne dirai pas une fraternelle union entre tous les professeurs (je ne veux pas forcer nature, et ne puis supprimer
de la faune académique le *genus irritabile doctorum*), mais
il faudrait du moins que de mesquines jalousies et de pué-
riles rivalités eussent d'autres motifs de trêve que le besoin
de lutter en commun contre la réforme des abus.

Il faudrait une direction non seulement intelligente,
mais encore active et forte.

Qu'on n'aille pas cependant conclure que je voudrais, de
l'oligarchie quasi anarchique que je signalais en commençant, passer à une autocratie princière, fût-elle, comme nous
le reconnaissons, excellente ornithologiste.

Non, comme pour tant d'autres organisations, c'est toute
une constitution à refaire sur des bases vraiment démocra-
tiques. Je n'entamerai certes pas en courant un sujet qui à
lui seul serait toute une brochure. Mais je puis poser en
principe et en fait :

Que des jurys spéciaux, procédant d'une élection à large

base, — c'est-à-dire à la fois nombreux et compétents le plus possible, — et agissant, à leur tour, par élection ; que ces jurys, dis-je, substitués et à ce bon plaisir, à ce favoritisme du pouvoir exécutif, qui appelle l'intrigue, comme l'intrigue amène la bassesse, et à la partialité de coterie des corps savants, offriraient la perfection dans l'espèce. C'est toujours dire, humainement parlant, le moins d'imperfections possible.

Oui, il faudrait une direction dont le coup d'œil généralisateur, coordonnateur et méthodique, embrasserait, harmoniserait les cours, taillerait ou plutôt maintiendrait à chacun son cadre, éviterait les empiétements de l'un sur l'autre, éloignerait dans tous les inutilités, et bannirait les redites ; ces résumés, par exemple, dans lesquels certains professeurs reproduisent, à peu de chose près, la leçon précédente, au lieu d'en donner seulement une analyse complète, mais succincte et rapide. M. Flourens est trop souvent, à cet égard, on ne peut plus prolixe, et M. Geoffroy-Saint-Hilaire est presque toujours un type de concision substantielle. Je ne parle pas de ceux de leurs collègues qui ne se résument pas du tout : nous étendre sur ce dernier écart, pire encore que le premier, ce serait trop anticiper sur l'examen du mode d'exposition.

Il faudrait, par les mêmes motifs, qu'un directeur s'opposât à ce que, par envie de contredire tel ou tel de ses collègues, un professeur se permît de faire des excursions en dehors de sa spécialité, à plus forte raison des larcins très peu confraternels.

Pour tout cela, la direction aurait, entre autres, un premier moyen de détail bien simple : ce serait d'attacher à l'établissement un sténographe. Alors il deviendrait facile de planer sur les cours d'une manière synoptique, de les délimiter, de les coordonner.

Il est même fâcheux qu'une étrange interprétation légale du droit de propriété laisse la chose difficile à tenter. Mais celui qui, accompagnant autant que possible le texte de figures coloriées, sténographierait ces cours, en retranchant les doubles emplois et les répétitions, économiserait, en les publiant, aux hommes d'étude, bien des courses, bien du temps, puisqu'il condenserait pour quelques semaines de lecture et de méditation cet enseignement haché, morcelé de toutes parts pendant de longues années. Il ne resterait alors que la différence, très grande il est vrai, entre lire et entendre, entre voir le dessin ou la nature. Mais somme toute, les avantages dépasseraient de beaucoup les inconvénients : d'autant plus que l'audition, fastidieuse en face de certains professeurs, est moins féconde que la rapidité de pensée qui résulte de la conversation avec un livre. Oui, cette synopsie rapprochée, comparée, parlerait plus à l'esprit qu'un enseignement médiocre ; elle développerait mieux l'intelligence des faits, et conduirait mieux vers les secrets des principes universels. Pour leurs deux excellents cours, MM. Geoffroy-Saint-Hilaire et Serres ont bien fait quelque chose à cet égard, mais seulement ce qu'il faut sommairement pour n'être pas pillés, et non ce qu'il faut pour être complets. Qu'importe ? c'est déjà beaucoup que de se poser nettement et par écrit en face de ses partisans et de ses adversaires. D'ailleurs la mesure à garder pour donner en quelque sorte la valeur d'un cours sans en donner toute la monnaie, et, loin de le déflorer, pour lui conserver, au contraire, son attrait de détails et son parfum ; cette mesure, dis-je, est une chose à discuter, car elle n'est pas d'exécution facile.

J'ai parlé de doubles emplois et d'empiétements : je ne finirais pas si je voulais énumérer toutes ces répétitions par voie d'emprunt forcé, ou par simple déplacement d'appropriation. Je veux toutefois en citer quelques uns qui me reviennent à la mémoire.

Pourquoi, par exemple, M. Flourens, au lieu de s'étendre davantage sur l'ovologie, ou mieux, sur la reproduction de la vie dans toutes les sphères zoologiques, fait-il des excursions si prolongées et dans les particularités ornithologiques, et dans cette espèce d'embryogénie qui est plutôt du ressort de M. Serres, et sur ces considérations des races qui me paraissent aussi plus spécialement dévolues à l'anthropologie, et enfin sur la domestication des mammifères, qui revient à M. Geoffroy-Saint-Hilaire, dont il a même oublié de citer à cet égard les travaux? Si, comme il l'a annoncé, il traite, cette année, des rapports du système osseux dans les quatre classes des vertébrés, n'empiétera-t-il pas trop sur le cours d'anatomie comparative? Nous verrons bien.

M. Frémy, à qui était départie la chimie générale, comme suppléant M. Gay-Lussac, n'a-t-il pas très souvent empiété sur le cours d'application de M. Chevreul, en s'étendant sur la fabrication du pain, des vins, des tabacs, des sucres ; sur le blanchiment des toiles, sur les engrais, etc., etc. ? Cette année encore, est-ce qu'à propos d'oxygène, d'hydrogène, d'azote et d'acide carbonique, les théories de Priestley, de Lavoisier, de M. Regnault, etc., sur la respiration, sont du domaine de la chimie inorganique? Que restera-t-il donc à faire, sous ce rapport, à M. Chevreul?

M. Dufrénoy n'a-t-il pas souvent entamé les applications chimiques à propos, entre autres, des ciments et des pouzzo-lanes? M. Becquerel n'a-t-il pas analysé les terrains de culture?

M. Duméril ne pourrait-il pas moins s'étendre, je ne dirai pas sur les banalités, mais sur les généralités de la physio-logie, et sur des minuties d'anatomie comparée, pour appuyer davantage sur des modifications erpétologiques ou ichthyologiques vraiment différentielles, et largement ca-ractéristiques?

Je dirais bien quelque chose d'analogue à l'égard de M. Valenciennes et autres; mais cela rentrerait trop encore dans le mode d'exposition que je désire envisager plus tard, chez chaque professeur, indépendamment du talent dans la forme, dont j'ai déjà dit quelques mots.

Et d'ailleurs je dois m'arrêter; pour multiplier les exem-ples, il me faudrait résumer trop de cours, en tout ou en partie.

Je conclus donc, et je répète qu'on pourrait spécialiser, substantialiser l'enseignement, et lui donner en un an, sous une bonne direction, toute la vigueur, toute l'activité, tout le complet, toute la portée possibles.

DOUZIÈME PROMENADE.

Du cumul.

Notre promenade aujourd'hui ne sera pas longue. Quand une chose est sentie de tous, et qu'elle ne fait plus question, on n'a pas besoin d'en causer longtemps.

S'il est un axiome politique et social incontestable, une vérité aussi morale que rationnelle, c'est que toute fonction publique de quelque importance doit, pour être bien remplie, absorber l'intelligence et tout le temps de celui qui en est chargé. A part l'injustice et les non-sens du monopole fonctionnel, au double point de vue distributif et financier, ce fait, qu'un homme n'a ni physiquement le don d'ubiquité, ni intellectuellement le don d'universalité; qu'il ne peut être à la fois ici et là-bas; qu'il ne peut faire à la fois, surtout aussi bien que possible, deux choses sérieuses; ce fait doit dominer et tout trancher dans la réglementation des incompatibilités de toute espèce. Et pour emprunter un argument à la science, n'est-ce pas, dans l'échelle zoologique, un fait, une loi anatomique et physiologique reconnue : que division du travail organique général, c'est-à-dire spécialisation des instruments, des appareils, est synonyme de perfection pour la résultante de la fonction chez l'animal, et de l'animal en face des autres espèces?

Je ne connais nullement à cet égard, ou plutôt je ne me rappelle pas en ce moment la position des professeurs du

Muséum. Je n'ai pas présent le quantum de chaires, ou d'autres postes officiels que chacun d'eux cumule ou non avec ses fonctions dans cet établissement. Mais deux exemples qui me viennent à la mémoire suffiront à ma thèse, surtout s'il y a plus d'un *à fortiori* à en déduire. Je les aurais pris, du reste, à dessein, que leur rapprochement ne pourrait mieux prouver l'impartialité de mes vues, en dehors de toutes considérations, de toutes sympathies personnelles. M. Milne Edwards, que je n'ai pas l'honneur de connaître, est à la fois professeur au Muséum et à la Faculté des sciences. M. Geoffroy-Saint-Hilaire est depuis peu dans le même cas; et si je l'ai vu avec plaisir pour lui; si, comme je le lui ai dit à lui-même, je ne puis qu'en féliciter les élèves, cela ne m'empêchera pas d'ajouter ici, au nom des principes que j'invoquais en commençant : mieux vaudrait que les deux derniers emplois eussent été donnés à telles ou telles de ces jeunes et incontestables capacités professorales dont M. Gratiolet, dans sa spécialité, m'offre un exemple, et qu'au lieu de n'être professés qu'en plusieurs années au Muséum, les deux divisions zoologiques départies à MM. Edwards et Geoffroy, y fussent complétées en un an. Un professeur qui a trop de chaires ou d'emplois, est comme le médecin qu'absorbe une clientèle de détail. Tout à la pratique, il délaisse la théorie. Partagé entre diverses fonctions, il ne peut que négliger l'une d'elles. L'homme qui s'adonne à deux enseignements ne peut que dérober à l'un les heures qu'il accorde à l'autre, ne fût-ce qu'en le privant d'un supplément d'efforts scientifiques qui ont certainement une grande part dans la carrière du professeur. Plus on sait, mieux on enseigne. Plus on vaut par la pensée, mieux on fait penser les autres. Encore une fois, la moitié de ce temps qu'il consacre à un cours sur deux, il l'emploierait à amasser pour l'autre plus de matériaux, à coups de plume, de loupe et de scalpel.

Que les professeurs soient plus rétribués, si on le juge

convenable, cela n'importe guère. Mais qu'ils soient tout à leur fonction.

Ou je me trompe fort, ou c'est là du gros bon sens, de la bonne justice, de la probité triviale à force d'évidence. Et, à moins qu'on ne me fasse l'hypothèse d'une divinité descendant ou montant sur terre pour enseigner tout et partout à la fois, on ne me prouvera jamais que le cumul, que le monopole soient des causes de progrès pour la science et pour l'enseignement.

Il est, d'un autre côté, une vérité que les savants ne devraient jamais perdre de vue, et dont Cuvier, cette vaste intelligence de détails, rétrécie par un si pauvre caractère, devrait être un écho permanent, une leçon posthume, dans le genre de celle des ilotes : c'est que toute diversion politique les amoindrit scientifiquement; c'est, à plus forte raison, qu'une livrée dynastique les abaisse. Tout se tient chez l'homme, et pour moi, au point de vue moral et politique, social et scientifique, l'école de Cuvier est celle du servilisme ambitieux et du passé; celle de Geoffroy-Saint-Hilaire est celle de l'indépendance et de l'avenir.

Eh! mon Dieu! je ne serais pas embarrassé de trouver, à cet égard, des arguments et en moi et autour de moi. J'ignore encore, par exemple, si, pair de France, M. *le Baron* Thénard a condamné son ancien élève; mais on m'a dit que Gay-Lussac l'avait fait. J'aime à croire qu'il n'a pas participé non plus à cette monstruosité politique et judiciaire; mais eût-il eu ce malheur, que je le lui pardonnerais : un homme qu'on sort de sa spécialité peut faire tant de sottises! J'en dirais autant de M. Cordier. Il est si difficile d'être à la fois, avec 25,000 francs par an, géologue, conseiller d'Etat, inspecteur des mines, pair de France, indépendant et juste !

TREIZIÈME PROMENADE.

Encore quelques détails.

Ce n'est plus une promenade réglée que je fais aujourd'hui; j'erre au hasard, regardant de tous côtés et jetant quelques mots à bâtons rompus. Après une douzaine de promenades, peut-on, d'ailleurs, se montrer exigeant pour une treizième faite par-dessus le marché?

Bien que certains détails paraissent souvent sans impor-tance, n'oublions pas que c'est avec tous ses détails que se fait tout ensemble. Je consacrerai donc cette dernière excursion à certaines remarques qui, soit en dehors de l'enseignement, soit en lui-même, peuvent encore, scienti-fiquement, moralement ou matériellement intéresser le Muséum. Ces détails, j'aurais pu les rejeter dans des notes terminales, mais ne visant nullement à l'effet dans ces causeries sans conséquence, peu m'importe de finir en queue de poisson mes remarques, pourvu que je n'en passe pas, et des meilleures.

Le premier nom de l'établissement est heureusement, et pour toujours, je l'espère, aboli. Mais en oubliant ce nom monarchique, en d'autres termes, absurde et ravalant pour la science, ce nom de JARDIN DU ROI, on ne saurait trop éliminer cette autre dénomination de JARDIN DES PLANTES; car, ce nom, par une espèce de pléonasme assez bête d'ailleurs, ne réveille qu'une idée de botanique. Cette déno-mination donne par conséquent une idée trop restreinte, une idée on ne peut plus fausse de ce centre d'exposition et de haut enseignement pour toutes les sciences naturelles.

La position des employés et des ouvriers ne devrait-elle pas, sous bien des rapports, appeler plus de sollicitude ?

Si nous envisageons, matériellement parlant, les amphithéâtres, il nous faudra convenir qu'ils font bien peu d'honneur aux constructeurs ou aux professeurs qui ont dirigé ou conseillé les architectes dans des détails pour lesquels cependant ils devaient avoir toute compétence !

Dans l'amphithéâtre de géologie, par exemple, on est aveuglé par un jour qui vient en face et par-dessus le tableau des démonstrations. Un rideau saillant corrige un peu, il est vrai, l'inconvénient, tout en laissant tomber la lumière sur ce tableau ; mais le professeur, qui en est tout près, ne mesure pas toujours son angle visuel à celui des spectateurs placés sur les bancs du haut. Pour eux, il écrit et dessine donc souvent sous le rideau, et une partie des mots et des figures se trouve ainsi masquée.

Dans l'amphithéâtre d'anatomie comparée, on voit clair à peine l'hiver, pendant le cours si intéressant de M. Serres, et l'an dernier, la vapeur carbonisée des poêles et la fumée y fatiguaient les poitrines irritables.

Quant au grand amphithéâtre affecté à la physique, à la chimie, à la botanique, il résonne comme un pot vide. Les répercussions sonores y empêchent de bien entendre. Il est vrai qu'on l'a peut-être construit, comme si les bancs devaient être garnis d'auditeurs amortissants. Dans cette hypothèse, réparation d'honneur... aux architectes, mais seulement pour la question intentionnelle ; car alors même que l'amphithéâtre est plein, comme nous l'avons vu aux cours de Cuvier, de Gay-Lussac, de M. Thénard, de Desfontaines, etc., ces sortes d'échos y sont encore incommodes.

Pour prendre des notes, on est, en général, incommodément orienté dans ces amphithéâtres. Dans les salles supplémentaires, où se transportent souvent les professeurs, à cause de la facilité que l'on a d'y porter les pièces d'histoire naturelle, une planche garnie d'encriers est disposée pour les travailleurs; mais elle est souvent insuffisante pour tous ceux qui écriraient plus volontiers, s'ils avaient plus d'aisance. — Ce singulier me suffit ici.

C'est pour quelques uns de ces riens que j'ai cru bon d'adresser à M. Cordier les lignes qui suivent, lorsqu'il commença son cours, en novembre dernier :

« ... Les détails matériels ont leur importance pour un » cours, car ils peuvent jusqu'à un certain point en éloigner » ou y appeler les auditeurs. Je crois donc, monsieur, n'être » que l'interprète d'un certain nombre des vôtres, en ap- » pelant votre attention sur deux de ces précautions qu'on » ne peut guère attendre de l'initiative des employés.

» 1° Pour qu'on eût le temps de copier les tableaux qui » se rattachent souvent à la leçon du jour, il serait à désirer » qu'on ouvrît l'amphithéâtre une demi-heure au moins » avant la séance.

» 2° Pour le chauffage, il serait à désirer aussi que l'on » consultât davantage la température extérieure. A la der- » nière leçon (le thermomètre marquait au dehors près de » 15° + 0); je ne sais jusqu'où il était monté au dedans, mais » plusieurs personnes sont, comme moi, sorties incom- » modées par la chaleur.

» Puis tout en sueur, il nous a fallu, pour le cours de » M. Geoffroy-Saint-Hilaire, entrer dans des galeries gla- » ciales, non seulement par comparaison avec l'amphi- » théâtre que nous quittions, mais avec la température du » jardin. Je comprends qu'on n'ait pas dû y allumer le » poêle, en raison de l'affluence des auditeurs ; mais on » pourrait toujours, en pareil cas, avoir la précaution » d'ouvrir les croisées, pour équilibrer un peu le dedans » avec le dehors.

» J'ajoute ce détail qui vous est étranger, pour vous » montrer, monsieur, qu'en général, et à défaut des pro-

» fesseurs, qui ne peuvent guère s'occuper de pareilles
» vétilles, les employés pourraient y veiller. Il n'y a pas là
» les difficultés de mensuration des températures souter-
» raines ; il ne leur faudrait qu'un thermomètre dehors et
» un dedans, un peu d'habitude et d'intelligence pour pro-
» portionner, je le répète, le chauffage à la saison et au
» nombre des auditeurs, pour ne pas aller du trop au
» trop peu.

» Agréez, monsieur, avec mes excuses pour vous avoir
» ennuyé de pareilles minuties, l'assurance, etc.

L'été, toujours par défaut de ventilation, cet amphithéâtre est étouffant et malsain, à moins que d'y avoir
ouverts sur le dos les battants d'une porte, un courant en
toute saison désagréable.

Comment se fait-il aussi qu'il n'y a pas une salle quel-
conque où les auditeurs puissent attendre, abrités en cas
de pluie, de mauvais temps, pendant les intervalles qui séparent les cours ?

———————

J'ai bien entendu, sauf quelques exceptions en mammologie, en conchyliologie, en entomologie, en géologie et en
minéralogie, reprocher au Muséum le défaut d'ordre dans
les galeries : c'est-à-dire, de méthode, de clarté, de classe-
ment, d'unité surtout, dans ses collections des trois règnes;

La pénurie des échantillons et le mauvais état d'un grand
nombre d'entre eux;

La pauvreté de la bibliothèque et de l'iconographie;

Certains accaparements individuels, beaucoup trop pro-
longés, de pièces minéralogiques, botaniques, zoologiques
et de livres, qui priveraient ainsi les collections nationales;

Pour les travailleurs, la difficulté d'accès des jardins, des
serres, des galeries, quand ils ont surtout le malheur de
n'être pas étrangers;

L'inutilité de l'école d'agriculture, les abus de l'enseignement pour la culture, l'imperfection des catalogues botaniques et des herbiers, l'absence d'une école d'acclimatation, etc., etc.

Mais je n'ai fait personnellement aucune de ces appréciations, et je ne veux parler que de ce que j'ai pu voir par moi-même.

Pour toucher à tout, et sur un détail qui, certes, n'aurait rien de commun avec le haut enseignement, j'ai entendu reprocher aussi à l'établissement un défaut de surveillance, au point de vue de la morale publique. Mais, à cet égard, je ne puis que protester contre l'injustice de ce reproche. Tout observateur attentif qui aura les occasions et la volonté de comparer dans les différentes zones de Paris les turpitudes inhérentes à toute grande ville, et qui tiendra compte de la presque solitude de ces jardins, des coins et recoins qu'ils présentent et du petit nombre de préposés à leur garde, ne pourra que louer, au contraire, et la vigilance de l'administration et les mœurs de ce quartier si populaire, c'est dire si laborieux. Supposez, en effet, ces jardins transportés en plein Paris, et vous verriez ce qui s'y passerait ! Depuis Trianon jusqu'aux Tuileries, voyez ce qui se passait dans les jardins des palais de vos rois ! Voyez ce que la tolérance calculée de leurs gouvernements a amené de crapuleuse démoralisation et de cynisme dans nos bals publics ! Là le libertinage ne se dérobe pas sous les ombrages d'épais massifs, il s'étale aux clartés éblouissantes d'illuminations à *giorno* !

Si je m'arrête à la répartition des différents cours dans la journée, je les trouve souvent en quasi coïncidence ou même tout à fait en conflit. Ainsi le cours de culture de

M. Decaisne se faisait, l'autre année, presque en même temps
que le cours de chimie appliquée de M. Chevreul. Cette année encore, il est impossible d'assister ponctuellement au
commencement de sa leçon du samedi et à la fin de celle de
M. Frémy. Ces deux cours n'ont, d'ailleurs, aucune concordance, puisqu'il faut, les mardi et jeudi, venir tout exprès
pour un seul.

Le cours de physiologie comparée de M. Flourens était entamé par le cours d'erpétologie de M. Duméril. J'achèverai
ma pensée à cet égard (et l'on pourra l'appliquer à tous
les cas semblables), en reproduisant le passage suivant
d'un mot que j'adressai à ce dernier, lorsqu'il ouvrit ce
cours, en septembre.

« En supposant, lui disais-je, que votre séance, commen-
» çant à midi, finisse à une heure précise, on ne peut véri-
» tablement se trouver à temps à celle de M. Flourens,
» qui doit aussi commencer à 1 heure précise. Et quand
» d'ailleurs, à la force du poignet et incommodément placé,
» on a sans relâche analysé une séance d'une heure et plus,
» l'attention et la main auraient besoin d'un quart d'heure
» au moins de répit. On aurait besoin de respirer un
» peu, etc., avant de recommencer un nouveau bail.

» A plus forte raison, l'inconvénient s'accroît-il lorsque
» dans le premier cours, le professeur, entraîné par son
» sujet, dépasse l'heure fixée.

» A bien plus forte raison encore, si deux ou plusieurs
» cours se font en même temps.

» Quand la plupart des auditeurs viennent de si loin
» (j'aurais pu ajouter: et quand il y en a si peu), ne serait-il
» pas possible de s'arranger, non seulement pour que le
» cours qui précède n'empiétât pas sur celui qui le suit,
» mais pour qu'il y eût l'intervalle d'une demi-heure, d'un
» quart d'heure au moins entre les deux ? »

M. Becquerel, par exemple encore, faisait son cours les
lundi et vendredi à 11 heures et 1/2. M. Valenciennes faisait
le sien les mercredi et vendredi à 3 heures; et c'étaient les

seuls cours qui se fissent au Muséum ces jours-là. Il fallait donc, — comme pour ceux de MM. Decaisne et Frémy, — y venir exprès le lundi et le mercredi pour une seule leçon, et le vendredi avoir, entre les deux leçons, un intervalle de près de 3 heures! C'est encore une de ces remarques applicables à la plupart des cours, et que je livre à la direction.

La présence d'un certain nombre de dames, parmi lesquelles se trouvent, du reste, des personnes fort instruites, empêche, à tort selon moi, les professeurs trop pudiques, ou ceux qui ne sont pas assez sûrs de leurs circonlocutions, de leurs précautions oratoires, d'entrer dans un certain ordre de développements anatomiques et physiologiques de première importance. Oui, de première importance, car les organes et les fonctions qui touchent à la vie de l'espèce, à sa propagation, sont, sans contredit, et plus essentiels et plus ardus, plus difficiles à étudier, que ceux dont le mécanisme, dont la chimie vivante, comme disait Broussais, dont l'électro-chimie vitale, dirai-je aujourd'hui, n'embrassent que l'existence, que la conservation de l'individu. La science n'a pas de sexe, a-t-on dit avec raison. Eh bien! ou ces dames se rappellent en avoir un, malgré le platonisme de l'axiome, et alors elles doivent s'abstenir; ou bien, et c'est le complément de mon dilemme, elles s'élèvent jusqu'à l'immatérialisme de cet axiome, et alors les professeurs n'ont à observer vis-à-vis d'elles, dans leur exposition et leur langage, que la réserve qu'ils se doivent à eux-mêmes et qu'ils doivent aux dix-neuf autres vingtièmes de l'auditoire boutonné. En vain croient-ils pouvoir prendre un juste milieu en consacrant, en dehors des leçons ordinaires, des séances spéciales aux développements en question, on ne peut tout épuiser dans quelques généralités, et la nécessité partielle, opportune de ces développements, se fait sentir sans cesse : à chaque classe, à chaque famille, à chaque genre, à chaque espèce, aux races même, sans parler des exceptions et des tératologies individuelles. Somme toute, on peut dire que c'est un ordre de faits et d'idées à peu près mutilé. Il faudrait laisser ces pruderies aux athénées de province, aux cours des pensionnats et de salons; mais elles sont à la fois mesquines et préjudiciables pour un haut enseignement. En toutes choses on oublie trop qu'il n'y a qu'une Europe au monde, qu'une France en Europe, qu'un Paris en France, et qu'un Muséum à Paris.

———

Quelques dernières remarques sur les tableaux démonstratifs des leçons.

Je me rappelle encore avoir vu et entendu professer Cuvier. Il mesurait bien, lui, l'avantage de s'adresser le plus possible aux sens pour arriver à l'intelligence. Sous sa craie rapide et sûre, on voyait, comme spontanément, un animal ramper, marcher, nager ou voler (je n'observe ici aucune gradation, parce que la perfection d'appropriation aux milieux n'a rien d'absolument harmonique avec la supériorité relative). Le fragment suivant d'une lettre par moi adressée à M. Flourens complétera sur ces derniers détails, — dont je voudrais voir plus généralement tenir compte dans les cours du Muséum, —- les motifs d'une exigence que je crois légitime :

« De tous les moyens expressifs de la pensée, en dehors
» de la parole, lui disais-je, ou plutôt représentatifs des
» faits, là où la nature elle-même ne parle pas,
» il n'en est pas de plus saisissant que le crayon ou la
» peinture, à défaut du relief qu'ils peuvent encore aider.
» Rien ne peut suppléer à l'impression sensoriale, à ce que
» j'appellerais surtout la mémoire des yeux. Ainsi, pour
» prendre un exemple des plus grossiers, autant il serait
» impossible à un homme qui n'aurait jamais vu un fémur

» de s'en faire une idée exacte, d'après les plus belles des-
» criptions orales ou écrites du monde savant et littéraire,
» autant il lui serait impossible de ne pas connaître cet os
» et de l'oublier, après l'avoir vu, soit en nature, soit peint
» ou dessiné, pendant quelques minutes.

» Tout en appréciant donc à leur juste valeur les prépa-
» rations, si habilement faites, que présente votre aide, à
» l'appui des faits par vous énoncés, il est facile de voir
» qu'à côté de quelques auditeurs entre les mains desquels
» passent les pièces délicates (et cela peut-être aux dépens
» de l'attention générale), le plus grand nombre n'y voit que
» des yeux de la foi. C'est pour eux le fil de la Vierge.

» Ne serait-il donc pas préférable (comme on le fait du
» reste au cours de M. Serres, à qui j'ai exprimé les mêmes
» désirs, et à ceux de MM. Geoffroy-Saint-Hilaire, Ed-
» wards, Duméril et Valenciennes, pour les détails peu
» saisissables, à plus forte raison microscopiques, et pour
» les classifications et nomenclatures de l'embryogénie, de
» la mammologie, de l'entomologie, de l'erpétologie, de
» l'ichthyologie, de l'helminthologie, de la conchyliologie et
» de la zoophytologie); ne serait-il pas, dis-je, préférable
» d'exposer devant l'auditoire, pendant que seraient faites
» les descriptions et démonstrations :

» 1° Des dessins, au besoin considérablement grossis,
» coloriés même, lorsqu'il y a lieu de différencier les tissus,
» les organes et les appareils?

» 2° Et successivement des tableaux graphiques des
» principales divisions et propositions de votre enseigne-
» ment?

» 3° Enfin, comme conséquence, de renvoyer à la fin de
» la leçon l'examen des pièces naturelles, renforcé des
» explications du préparateur, pour ceux qui voudraient
» reprendre la nature sur le fait? »

J'aurais pu faire sentir la même nécessité pour l'étude
des corps inorganiques, et rappeler que la fondation des
deux chaires de dessin appliqué aux deux règnes vivants
est un argument en faveur de ce que je désirais.

J'aurais pu montrer encore, pour l'ouverture de chaque cours, l'avantage d'exposer un tableau bibliographique, contenant l'indication des ouvrages les plus importants sur la spécialité, ainsi que l'a fait pour la géologie M. Cordier.

Car je puis juger par moi-même de l'utilité d'un pareil document. Ne voulant, au Muséum, courir après les faits que pour attraper des idées ; voulant aussi dévorer et digérer avec promptitude, je m'étais imposé, pour chaque science, de me restreindre, autant que possible, à quatre ouvrages : aux deux meilleurs ouvrages élémentaires d'abord, aux deux traités les plus complets, le plus au niveau des connaissances actuelles ; et ensuite, aux deux ouvrages où je rencontrerais le plus de vues synthétiques, où je trouverais à un plus haut degré la philosophie de cette science. Eh bien ! faute du document en question, je n'ai pu préciser, rassembler convenablement ces matériaux encyclopédiques, pas plus que les programmes scindés des sujets successivement traités par chaque professeur, pendant le nombre d'années qu'il met à compléter son cours.

Mais, pour revenir à l'importance de la mémoire des sens: « l'aspect synoptique, c'est-à-dire à la fois analytique et » synthétique de ces tableaux dessinés ou graphiques, ne » serait-il pas, disais-je, en terminant, à M. Flourens, de » nature à faciliter à tout instant les yeux et l'esprit, pour » descendre des généralités aux détails, et remonter des » éléments aux principes ? »

A un autre moment, s'il se peut, et à une autre place, des remarques moins minutieuses et des causeries moins arides.

TABLE DES MATIÈRES.

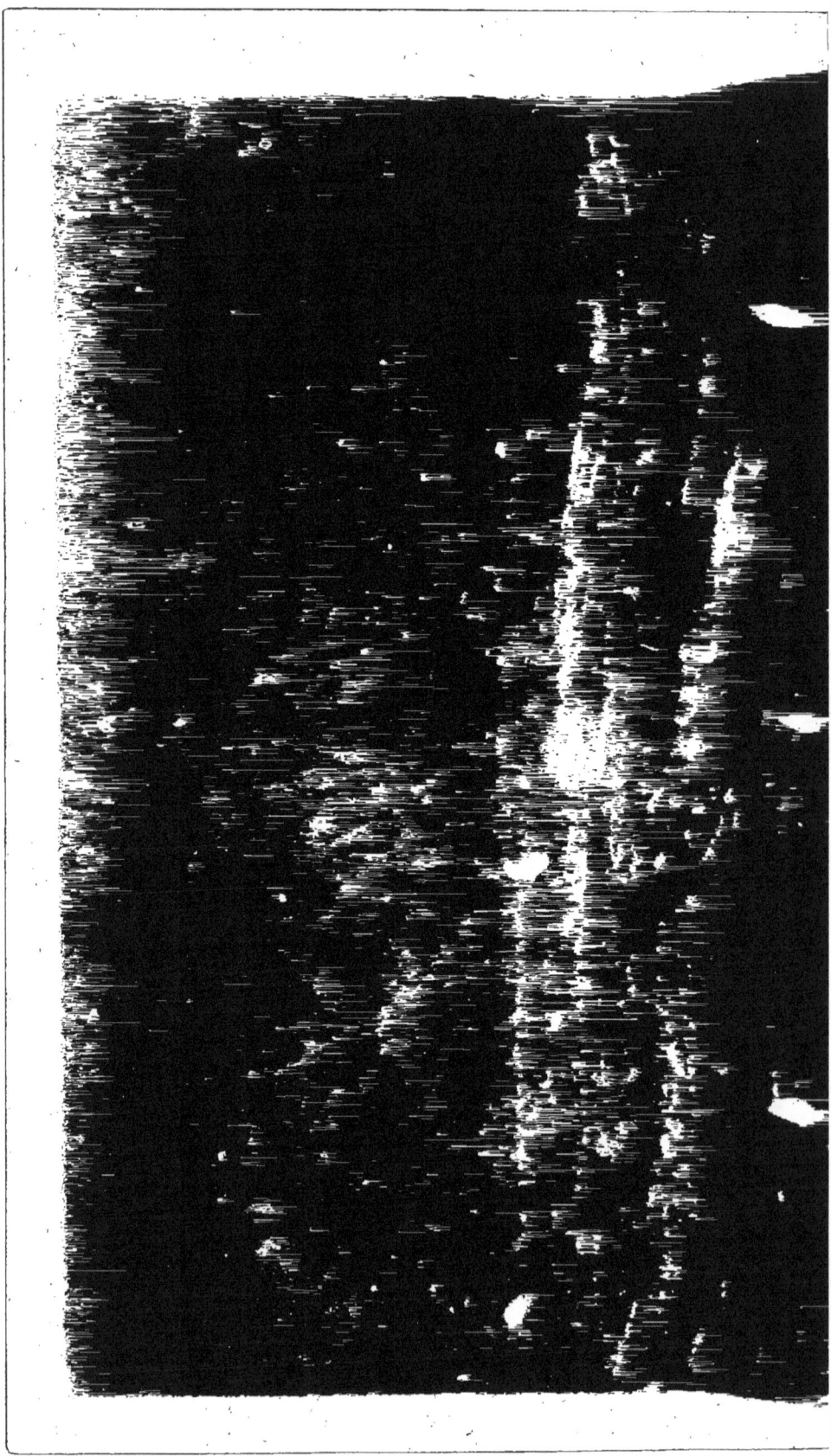

www.ingramcontent.com/pod-product-compliance
Lightning Source LLC
Chambersburg PA
CBHW050617210326
41521CB00008B/1293